普通高等教育材料类"十四五"系列教材

金相技术与 材料组织分析

U0163698

席生岐 高 圆 编

西安交通大学出版社
XI'AN JIAOTONG UNIVERSITY PRESS

国家一级出版社
全国百佳图书出版单位

图书在版编目(CIP)数据

金相技术与材料组织分析/席生岐,高圆编. —西安:
西安交通大学出版社,2021.3(2023.1重印)
　ISBN 978-7-5605-5763-2

　Ⅰ.①金… Ⅱ.①席…②高… Ⅲ.①金相技术
材料-组织分析-实验-高等学校-教材 ②工程材料-加工
技术-实验-高等学校-教材　Ⅳ.①TB303-33

中国版本图书馆 CIP 数据核字(2020)第 038548 号

书　　　名	金相技术与材料组织分析	
编　　者	席生岐　高　圆	
责任编辑	屈晓燕	
责任校对	魏　萍	

出版发行	西安交通大学出版社	
	(西安市兴庆南路 1 号　邮政编码 710048)	
网　　址	http://www.xjtupress.com	
电　　话	(029)82668357　82667874(市场营销中心)	
	(029)82668315(总编办)	
传　　真	(029)82668280	
印　　刷	西安日报社印务中心	

开　　本	727 mm×960 mm　1/16　**印张** 12.625　**字数** 234 千字
版次印次	2021 年 3 月第 1 版　2023 年 1 月第 2 次印刷
书　　号	ISBN 978-7-5605-5763-2
定　　价	30.00 元

如发现印装质量问题,请与本社市场营销中心联系。
订购热线:(029)82665248　(029)82667874
投稿热线:(029)82664954
读者信箱:754093571@qq.com

Foreword 前 言

　　我校"材料科学基础"课程是在"金属学""热处理原理""金属材料"等几门课程的基础上建立起来的材料专业的专业基础课。它以金属材料为依托,兼顾高分子材料、陶瓷材料和复合材料,包括结构材料和功能材料。材料科学是研究包括上述各种材料在内的材料的组织结构、制备加工工艺与性能之间关系的科学。材料结构有四个层次:原子结构、结合键、原子排列方式和(显微)组织,其中显微组织比其他三个层次的结构更容易随着材料的成分及加工工艺而变化,是一个影响材料性能极为敏感和重要的结构因素。材料显微组织是贯穿"材料科学基础"课程的一个重要的核心纽带,是分析理解材料的重要环节。配合"材料科学基础"课程教学,按照新版教学计划,为了加强该课程实验环节,围绕材料组织分析这一主要核心,兼顾工艺条件和材料性能与材料组织相互关系,在 2006 年,借鉴我们"工程材料基础"课程实验的成功实践,对原来的课程实验进行了调整、充实和拓宽后集中开设,形成"金相制备与分析"这门独立实验课程。在原为这一新课程撰写的实验指导书讲义基础上,2015 年作为"材料组织性能与技术独立实验"第 1 章内容正式出版,本书是在 4 届学生使用基础上结合教学实践,并为适应新工科形势下的实践教学需要,经较大幅度修订后的版本。

　　修订的内容包括:①第一单元预备知识:在金相显微分析基础模块中,增加了"自动磨抛技术",帮助学生了解当前世界先进的制样技术;②结合新工科教育形势和本实验课程特点,增加了 4 个开放实验,分别是第一单元的"激光加热表面淬火温度场仿真计算",第三单元的"零件热锻成形的变形与再结晶组织演变虚拟仿真计算",第四单元的"晶体结构的软件构建与衍射分析"、"透射电镜下微纳尺度单晶原位加载变形及其位错演变虚拟仿真实验",并在附录中增加了相关有限元计算软件 MSC. Marc 和材料计算软件 Materials Studio 的简介和使用方法;③由

1

于教学实验室配备了新的金相显微镜,在第一单元实验 1 中相应更换了"显微镜结构"中的内容,在实验 4 中也更新了"金相组织的数码图像"一节中的相关内容,并在附录中更新了最新数码图像采集系统的操作规程;④重新梳理了第二单元定量金相技术的内容,更加符合教学习惯,并在实验 6 中增加了球墨铸铁的定量分析和颗粒大小的表征分析,丰富了金相组织定量分析的内容和方法;⑤附录中增加了全国大学生金相技能大赛简介和通用制样规程,以实现"以赛促教,以赛促学,以赛促改"。

本课程采取单一、综合、讨论等多种实验形式相结合的实验体系,以达到内容紧凑、综合性强的目的。该实验课程具体内容设计为以下 4 个单元共 12 个实验项目:金相技术与钢铁组织分析单元、定量金相技术单元、结晶凝固与塑性变形组织单元和材料相图与结构单元。教学上按单元组织,教师负责单元实验的相关基础知识讲解,实验员负责具体实验方法与安排。具体实验形式为多媒体实验课件讲授、现场操作录像放映、实验仪器示范介绍、学生自主实验方式开展。每位学生在实验前预习的基础上,根据教学实验室各个实验项目开放时间段,提交实验实施方案。实验中以学生自己动手动脑为主,指导教师仅给予启发性指导,其中综合实验要求学生自行组织成组、自己设计、选择材料、制定工艺,分析组织,除按要求完成实验报告外,另外还要求有小组交流讨论的总结报告。而新增设的 4 个开放实验已列入西安交通大学教务处的开放实验中,由感兴趣的学有余力的学生选择来做。希望这些实验的开设能够在提高学生动手实践能力的同时,加强学生对"材料科学基础"课程中相关知识的掌握,化解课程学习中的部分难点问题,开拓学生的知识范围。

通过该门实验课学习,应掌握基本的实验技术,包括显微镜的基本原理和使用、金相样品制备技术、晶粒度测定方法及定量分析软件测定技术、组织的数字图像获取技术和硬度计的原理及使用方法;加深对钢铁合金组织的认识与理解,能够分析钢铁合金的平衡组织和非平衡组织;了解钢的热处理工艺与操作,能够对材料的成分、工艺、性能与组织关系进行综合分析;熟悉晶粒度样品、定量分析样品的制备、组织显示方法;能够利用二元相图和三元相图分析合金平衡与非平衡典型组织;熟悉金属结晶凝固组织、塑性变形和再结晶组织与工艺条件关系。

本课程是新版教学计划下的独立实验课程,结合原先课程实验,围绕材料组织分析核心,以金属材料,特别是工程中的重要的钢铁材料为实例,开设了一系列的基础和综合实验以及开放实验,希望能够实现课程设置初衷。参加本书编写的作者为席生岐教授和高圆工程师,感谢原教材《材料组织性能与技术独立实验》第一章的参编人员顾美转高级工程师和赵军荣实验员。由于编者水平有限,本课程及实验指导书中的不足和不妥之处,还望各位专家和同学提出宝贵的意见和建议。

编者

2020 年 4 月

于西安交通大学

目　录

第一单元 金相技术与钢铁组织分析

1.1 预备知识:金相显微分析基础

金相分析在材料研究领域占有十分重要的地位,是研究材料内部组织的主要手段之一。金相显微分析法就是利用金相显微镜来观察为之分析而专门制备的金相样品,通过放大几十倍到上千倍来研究材料组织的方法。现代金相显微分析的主要仪器为光学显微镜和电子显微镜两大类。这里仅介绍常用的光学金相显微镜及金相样品制备的一些基础知识。

1.1.1 光学金相显微镜基础知识

1.金相显微镜的构造

金相显微镜的种类和型式很多,最常见的有台式、立式和卧式三大类。金相显微镜的构造通常由光学系统、照明系统和机械系统三大部分组成,有的显微镜还带有多种功能附件及摄像装置。目前已把显微镜与计算机及相关的分析系统相连,能更方便、更快捷地进行金相分析研究工作。

(1)光学系统

光学系统的主要构件是物镜和目镜,它们主要起放大作用,并获得清晰的图像。物镜的优劣直接影响成像的质量,而目镜是将物镜放大的像再次放大。

(2)照明系统

照明系统主要包括光源和照明器以及其他主要附件。

1)光源的种类

光源的种类包括白炽灯(钨丝灯)、卤钨灯、碳弧灯、氙灯和水银灯等。常用的是白炽灯和氙灯。一般白炽灯适合作为中、小型显微镜上的光源使用,电压为 6～12 V,功率 15～30 W。而氙灯通过瞬间脉冲高压点燃,一般正常工作电压为 18 V,功率为 150 W,适用于特殊功能的观察和摄影之用。一般大型金相显微镜常同时配有两种照明光源,以适应普通观察和特殊情况的观察与摄影之用。

2)光源的照明方式

常用的照明方式主要有临界照明和科勒照明,而散光照明和平行光照明适用于特殊情况。

临界照明:光源的像聚焦在样品表面上,虽然可得到很高的亮度,但对光源本身亮度的均匀性要求很高,目前很少使用。

科勒照明:特点是光源的一次像聚焦在孔径光阑上,视场光阑和光源一次像同时聚焦在样品表面上,提供了一个很均匀的照明场,目前广泛使用。

散光照明:特点是照明效率低,只适用于投射型钨丝灯照明。

平行光照明:照明的效果较差,主要用于暗场照明,适应于各类光源。

3)光路形式

按光路设计的形式,显微镜有直立式和倒立式两种,凡样品磨面向上,物镜向下的为直立式,而样品磨面向下,物镜向上的为倒立式。

4)孔径光阑和视场光阑

孔径光阑位于光源附近,用于调节入射光束的粗细,以改变图像的质量。缩小孔径光阑可减少球差和轴外像差,加大衬度,使图像清晰,但会使物镜的分辨率降低。视场光阑位于另一个支架上,调节视场光阑的大小可改变视域的大小,视场光阑愈小,图像衬度愈佳,观察时调至与目镜视域同样大小。

5)滤色片

用于吸收白光中不需要的部分,只让一定波长的光线通过,获得优良的图像。一般有黄色、绿色和蓝色等。

(3)机械系统

机械系统主要包括载物台、镜筒、调节螺丝和底座。

载物台:用于放置金相样品。

镜筒:用于联结物镜、目镜等部件。

调节螺丝:有粗调和细调螺丝,用于图像的聚焦调节。

底座:起支承镜体的作用。

2. 光学显微镜的放大成像原理及参数

(1)IE200M 型金相显微镜光学系统的工作原理

图 1-1 为 IE200M 倒置型金相显微镜光学系统图。

由灯泡发出一束光线,经过聚光镜组(一)及反光镜,被会聚在孔径光阑上,然后经过聚光镜组(二),将光线会聚在物镜后焦面上。最后光线通过物镜,用平行光照明样品,使其表面得到充分均匀的照明。从物体表面反射出来的成像光线,复经物镜、辅助物镜片(一)、半透反光镜、辅助物镜片(二)、棱镜与双目棱镜组,造成一个物体的放大实像。目镜将此像再次放大,显微镜里观察到的就是通过物镜和目镜两次放大所得图像。

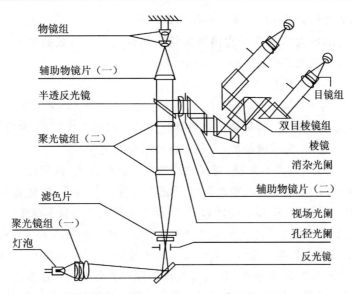

图1-1　倒置型金相显微镜光学系统图

（2）金相显微镜的成像原理

显微镜的成像放大部分主要由两组透镜组成。靠近观察物体的透镜叫物镜，而靠近眼睛的透镜叫目镜。如图1-2所示显微镜的放大光学原理图，通过物镜和目镜的两次放大，就能将物体放大到较高的倍数。物体 AB 置于物镜前，离其焦点略远处，物体的反射光线穿过物镜折射后，得到了一个放大的实像 A_1B_1，若此像处于目镜的焦距之内，通过目镜观察到的图像是目镜放大了的虚像 A_2B_2。

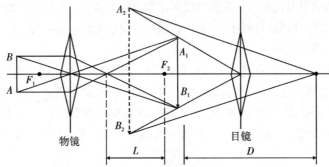

AB—物体；A_1B_1—物镜放大图像；A_2B_2—目镜放大图像；F_1—物镜的焦距；F_2—目镜的焦距；L—光学镜筒长度（即物镜后焦点与目镜前焦点之间的距离）；D—明视距离（人眼的正常明视距离为 250 mm）。

图1-2　显微镜放大光学原理示意图

（3）显微镜的放大倍数

物镜的放大倍数 $M_物 = A_1B_1/AB \approx L/F_1$ 　　　　　　　　　　　　　（1）

目镜的放大倍数 $M_目 = A_2B_2/A_1B_1 \approx D/F_2$　　　　　　　　　　　　　　　（2）

显微镜总的放大倍数等于物镜放大倍数和目镜放大倍数的乘积。一般金相显微镜的放大倍数最高可达 1600～2000 倍。

则显微镜的放大倍数为

$$M_总 = M_物 \times M_目 = L/F_1 \times D/F_2 = (L \times 250)/(F_1 \times F_2)$$　　　　　（3）

式中：L 为光学镜筒长度（即物镜后焦点到目镜前焦点的距离）；F_1 为物镜的焦距；F_2 为目镜的焦距；D 为明视距离（人眼的正常明视距离为 250 mm）。

由此可看出：因为 L 为定值，可见物镜的放大倍数越大，其焦距越短。在显微镜设计时，目镜的焦点位置与物镜放大所成的实像位置接近，并使目镜所成的最终倒立虚像在距眼睛 250 mm 处成像，这样使所成的图像看得很清楚。

显微镜的主要放大倍数一般通过物镜来保证，物镜的最高放大倍数可达 100 倍，目镜的最高放大倍数可达 25 倍。放大倍数分别标注在物镜和目镜各自的镜筒上。在用金相显微镜观察组织时，应根据组织的粗细情况，选择适当的放大倍数，以使组织细节部分能观察清楚为准，不要只追求过高的放大倍数，因为放大倍数与透镜的焦距有关，放大倍数越大，焦距越小，会带来许多缺陷。

（4）透镜像差

透镜像差就是透镜在成像过程中，由于本身几何光学条件的限制，图像会产生变形及模糊不清的现象。透镜像差有多种，其中对图像影响最大的是球面像差、色像差和像域弯曲三种。

显微镜成像系统的主要部件为物镜和目镜，它们都是由多片透镜按设计要求组合而成，而物镜的质量优劣对显微镜的成像质量有很大影响。虽然在显微镜的物镜、目镜及光路系统等设计制造过程中，已将像差减少到很小的范围，但其依然存在。

1）球面像差

产生原因：由于透镜的表面呈球曲形，来自一点的单色光线，通过透镜折射以后，中心和边缘的光线不能交于一点，靠近中心部分的光线折射角度小，在离透镜较远的位置聚焦，而靠近边缘处的光线偏折角度大，在离透镜较近的位置聚焦，所以形成了沿光轴分布的一系列的像，使图像模糊不清，这种像差称球面像差，如图 1－3 所示。

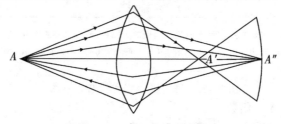

图 1－3　球面像差示意图

校正方法：

a.采用多片透镜组成透镜组，即将凸透镜与凹透镜组合形成复合透镜，产生性质相反的球面像差来减少。

b.通过加光阑的办法，缩小透镜的成像范围，因球面像差与光通过透镜的面积大小有关。

在金相显微镜中，球面像差可通过改变孔径光阑的大小来减小。孔径光阑越大，通过透镜边缘的光线越多，球面像差越严重。而缩小光阑，限制边缘光线的射入，可减少球面像差。但光阑太小，显微镜的分辨能力降低，也使图像模糊。因此，应将孔径光阑调节到合适的大小。

2)色像差

产生原因：由于白光是由多种不同波长的单色光组成，当白光通过透镜时，波长越短的光，其折射率越大，其焦点越近；波长越长的光，其折射率越小，其焦点越远。这样一来，不同波长的光线通过透镜，形成的像不能在同一点聚焦，使图像模糊，这样引起的像差，称之为色像差。如图 1-4 所示。

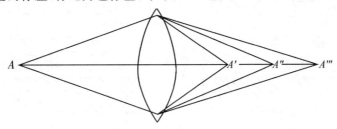

图 1-4　色像差示意图

校正方法：可采用单色光源或加滤色片或使用复合透镜组来减少。

3)像域弯曲

产生原因：垂直于光轴的平面，通过透镜所形成的像，不是平面而是凹形的弯曲像面，称为像域弯曲。如图 1-5 所示。

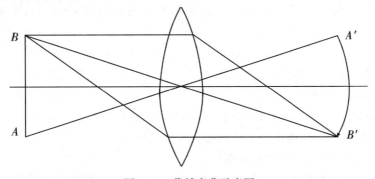

图 1-5　像域弯曲示意图

　　像域弯曲的产生,是由于各种像差综合作用的结果。一般的物镜或多或少地存在着像域弯曲,只有校正极佳的物镜才能达到趋于平坦的像域。

　　(5)物镜的数值孔径

　　物镜的数值孔径 NA(Numerical Aperture)表示物镜的聚光能力。数值孔径大的物镜,聚光能力强,即能吸收更多的光线,使图像更加明显,物镜的数值孔径 NA 可用公式表示为

$$NA = n \cdot \sin \varphi \tag{4}$$

式中:n 为物镜与样品间介质的折射率;φ 为通过物镜边缘的光线与物镜轴线所成角度,即孔径半角。

　　从式(4)可以看出,数值孔径的大小,与物镜与样品间介质 n 的大小、孔径角的大小有关。如图 1-6 所示。

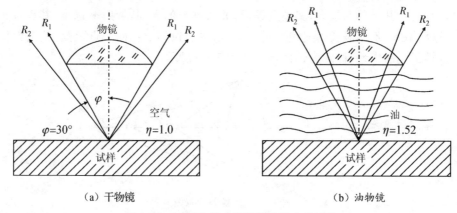

(a)干物镜　　　　　　　　　　　(b)油物镜

图 1-6　不同介质对物镜聚光能力的比较

　　若物镜的孔径半角为 30°,当物镜与物体之间的介质为空气时,光线在空气中的折射率为 $n=1$,则数值孔径为

$$NA = n \cdot \sin\varphi = 1 \times \sin 30° = 0.5 \tag{5}$$

　　若物镜与物体之间的介质为松柏油时,介质的折射率 $n=1.52$,则其数值孔径为

$$NA = n \cdot \sin\varphi = 1.52 \times \sin 30° = 0.76 \tag{6}$$

　　物镜在设计和使用中,以空气为介质的称干系物镜或干物镜,以油为介质的称为油浸系物镜或油物镜。干物镜的 $n=1$,$\sin\varphi$ 值总小于 1,故数值孔径 NA 小于 1;油物镜因 $n \geq 1.5$,故数值孔径 NA 可大于 1。物镜的数值孔径的大小,标志着物镜分辨率的高低,即决定了显微镜分辨率的高低。

　　(6)显微镜的鉴别能力(分辨率)

　　显微镜的鉴别能力是指显微镜对样品上最细微部分能够清晰分辨而获得图

像的能力,如图 1-7 所示。它主要取决于物镜的数值孔径 NA 的大小,是显微镜的一个重要特性。通常用可辨别的样品上的两点间的最小距离 d 来表示,d 值越小,表示显微镜的鉴别能力越高。

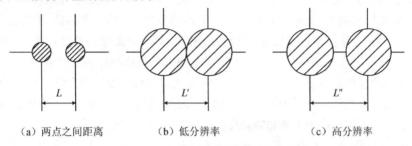

　　（a）两点之间距离　　　　　（b）低分辨率　　　　　　（c）高分辨率

图 1-7　显微镜分辨率高低示意图

显微镜的鉴别能力可用下式表示

$$d=\lambda/2NA \tag{7}$$

式中:λ——入射光的波长;NA——物镜的数值孔径。

　　可见显微镜的鉴别能力与入射光的波长成正比,λ 越短,鉴别能力越高;其与数值孔径成反比,数值孔径 NA 越大,d 值越小,表明显微镜的鉴别能力越高。

　　(7)有效放大倍数

　　用显微镜能否看清组织细节,不但与物镜的分辨率有关,且与人眼的实际分辨率有关。若物镜分辨率很高,形成清晰的实像,而配用的目镜倍数过低,也使观察者难于看清,称放大不足。但若选用的目镜倍数过高,即总放大倍数越大,看得并非越清晰。实践表明,超出一定的范围,放得越大越模糊,称虚伪放大。

　　显微镜的有效放大倍数取决于物镜的数值孔径。有效放大倍数是指物镜分辨清晰的 d 距离,同样也能被人眼分辨清晰所必须的放大倍数,用 M_g 表示:

$$M_\mathrm{g}=d_1/d=2\,d_1 \cdot NA/\lambda \tag{8}$$

式中:d_1——人眼的分辨率;d——物镜的分辨率。

　　在明视距离 250 mm 处正常人眼的分辨率为 0.15~0.30 mm,若取绿光 $\lambda=5.5\times10^{-4}$ mm则

$$M_\mathrm{g}(\min)=2\times0.15\times NA/5.5\times10^{-4}\approx550NA \tag{9}$$

$$M_\mathrm{g}(\max)=2\times0.30\times NA/5.5\times10^{-4}\approx1000NA \tag{10}$$

　　这说明在 $550NA$~$1000NA$ 范围内的放大倍数均称为有效放大倍数。但随着光学零件的设计完善与照明方式的不断改进,以上范围并非严格限制。有效放大倍数的范围,对物镜和目镜的正确选择十分重要。例如物镜的放大倍数是 25,数值孔径为 $NA=0.4$,即有效放大倍数应为 200~400 倍范围内,应选用 8 或 16 倍的目镜才合适。

3. 物镜与目镜的种类及标志

(1)物镜的种类

物镜是成像的重要部分,而物镜的优劣取决于其本身像差的校正程度,所以物镜通常是按照像差的校正程度来分类,一般分为消色差及平面消色差物镜、复消色差及平面复消色差物镜、半复消色差物镜、消像散物镜等。因为对图像质量影响很大的像差是球面像差、色像差和像域弯曲,前二者对图像中央部分的清晰度有很大影响,而像域弯曲对图像的边缘部分有很大影响。除此之外,还有按物体与物镜间介质分类的,分为介质为空气的干系物镜和介质为油的油系物镜;按放大倍数分类的低、中、高倍物镜和按特殊用途分的专用显微镜上的物镜如高温反射物镜、紫外线物镜等。

按像差分类的常用的几种物镜有以下几种:

①消色差及平面消色差物镜。消色差物镜对像差的校正仅为黄、绿两个波区,使用时宜以黄绿光作为照明光源,或在入射光路中插入黄、绿色滤色片,以使像差大为减少,图像更为清晰。而平面消色差物镜还对像域弯曲进行了校正,使图像平直,边缘与中心能同时清晰成像。适用于金相显微摄影。

②复消色差及平面复消色差物镜。复消色差物镜色差的校正包括可见光的全部范围,但部分放大率色差仍然存在。而平面复消色差物镜还进一步作了像域弯曲的校正。

③半复消色差物镜。像差校正介于消色差和复消色差物镜之间,其他光学性质与复消色差物镜接近。但价格低廉,常用来代替复消色差物镜。

(2)物镜的标志

物镜的标志如图1-8所示。

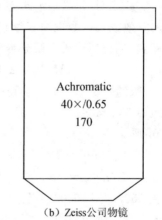

（a）国产物镜标志

PC—平场；10×—放大倍数；
0.30—数值孔径；∞—机械镜筒长度；
0—无盖玻片。

（b）Zeiss公司物镜

Achromatic—消色差；40×—放大倍数；
0.65—数值孔径；170—机械镜筒长度。

图1-8　物镜的性能标志

物镜的标志一般包括如下几项：

①物镜类别。国产物镜,用物镜类别的汉语拼音字头标注,如平面消色差物镜标以"PC"。西欧各国产物镜多标有物镜类别的英文名称或字头,如平面消色差物镜标以"Planar achromatic 或 Pl",消色差物镜标以"Achromatic",复消色差物镜标以"Apochromatic"。

②物镜的放大倍数和数值孔径。标在镜筒中央位置,并以斜线分开,如"10×/0.30"、"45×/0.63",斜线前的"10×"、"45×"为放大倍数,其后为物镜的数值孔径如"0.30"、"0.63"。

③适用的机械镜筒长度。如"170""190""∞/0",表示机械镜筒长度(即物镜座面到物镜筒顶面的距离)为 170 mm、190 mm、无限长。"0"表示无盖波片。

④油浸物镜标有特别标注,刻以"HI"或"oil",国产物镜标有"油"或"Y"。

（3）目镜的类型

目镜的作用是将物镜放大的像再次放大,在观察时于明视距离处形成一个放大的虚像,而在显微摄影时,通过投影目镜在承影屏上形成一个放大的实像。

目镜按像差校正及适用范围分类如下：

①负型目镜(如福根目镜)。该种目镜由两片单一的平凸透镜在中间夹一光阑组成,接近眼睛的透镜称目透镜,起放大作用,另一个称场透镜,使图像亮度均匀,未对像差加以校正,只适用于与低中倍消色差物镜配合使用。

②正型目镜(如雷斯登目镜)。与上述负型目镜不同的是光阑在场透镜外面,它有良好的像域弯曲校正,球面像差也较小,但色差比较严重,同倍数下比负型目镜观察视场小。

③补偿型目镜。这是一种特制目镜,结构较复杂,用以补偿校正残余色差,宜与复消色差物镜配合使用,以获得清晰的图像。

④摄影目镜。这种目镜专用于金相摄影,不能用于观察,对球面像差及像域弯曲均有良好的校正。

⑤测微目镜。这种目镜用于组织的测量,内装有目镜测微器,与不同放大倍数的物镜配合使用时,测微器的格值不同。

（4）目镜的标志

通常一般目镜上只标有放大倍数,如"7×"、"10×"、"12.5×"等,补偿型目镜上还有一个"K"字母,广视域目镜上还标有视场大小,如图 1-9 所示。

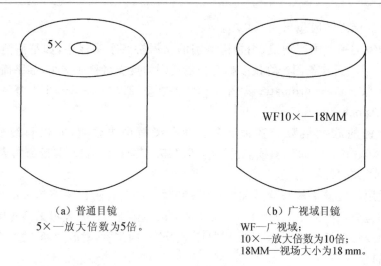

（a）普通目镜　　　　　　　　　　　（b）广视域目镜

5×—放大倍数为5倍。　　　　　　WF—广视域；

　　　　　　　　　　　　　　　　　　10×—放大倍数为10倍；

　　　　　　　　　　　　　　　　　　18MM—视场大小为18 mm。

图 1-9　目镜标志

1.1.2　金相样品的制备方法概述

在用金相显微镜来检验和分析材料的显微组织时,需将所分析的材料制备成一定尺寸的试样,并经磨制、抛光与腐蚀工序,才能进行材料的组织观察和分析研究工作。

金相样品的制备过程一般包括如下步骤:取样、镶嵌、粗磨、细磨、抛光和腐蚀。

1. 取样与镶嵌

（1）取样

选取原则。应根据研究目的选取有代表性的部位和磨面,例如,在研究铸件组织时,由于偏析现象的存在,必须从表层到中心同时取样观察;而对于轧制及锻造材料则应同时截取横向和纵向试样,以便分析表层的缺陷和非金属夹杂物的分布情况;对于一般的热处理零件,可取任一截面。

取样尺寸。截取的试样尺寸,通常直径为 12~15 mm 圆柱形,高度和边长为 12~15 mm 的方形,原则以便于手握为宜。

截取方法。视材料性质而定,软的可用手锯或锯床切割,硬而脆的可用锤击,极硬的可用砂轮片或电脉冲切割。无论采取哪种方法,都不能使样品的温度过于升高而使组织变化。金刚石砂轮片切割机切取试样时,一般应加水冷却。

（2）镶嵌

当试样的尺寸太小或形状不规则时,如细小的金属丝、片、小块状或要进行边缘观察时,可将其镶嵌或夹持,如图 1－10 所示。

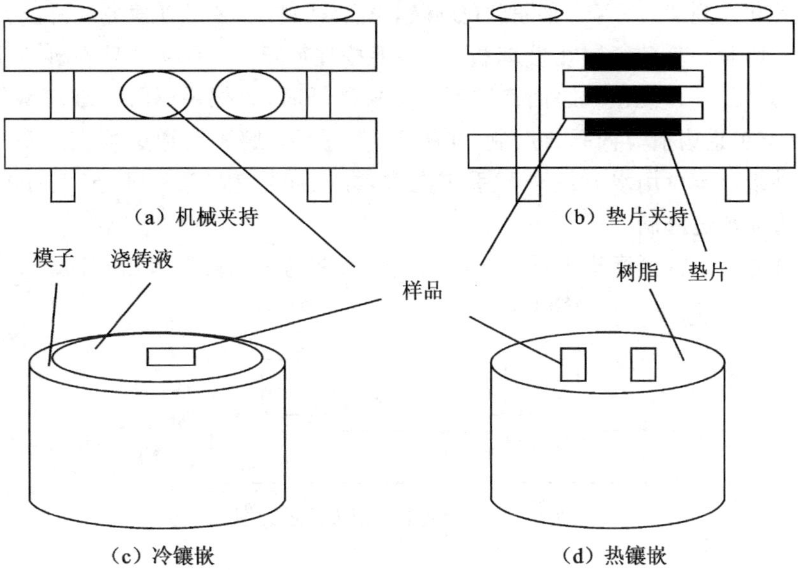

（a）机械夹持　　　　　　　　　　　　（b）垫片夹持

模子　浇铸液　　　　　　　　　　样品　　　　　　　　树脂　垫片

（c）冷镶嵌　　　　　　　　　　　　（d）热镶嵌

图 1－10　金相样品的镶嵌方法

热镶嵌。用热凝树脂(如胶木粉等),在镶嵌机上进行。适用于在低温及不大的压力下组织不产生变化的材料。

冷镶嵌。用树脂加固化剂(如环氧树脂和胺类固化剂等)进行,不需要设备,在模子里浇铸镶嵌。适用于不能加热及加压的材料。

机械夹持。通常用螺丝将样品与钢板固定,样品之间可用金属垫片隔开,也适用于不能加热的材料。

2. 磨制

（1）粗磨

取好样后,为了获得一个平整的表面,同时去掉取样时有组织变化的表层部分,在不影响观察的前提下,可将棱角磨平,并将观察面磨平,一定要将切割时的变形层磨掉。

一般的钢铁材料常在砂轮机上磨制,压力不要过大,同时用水冷却,操作时要当心,防止手指等损伤。而较软的材料可用挫刀磨平。砂轮的选择,磨料粒度为40、46、54、60 等号,数值越大越细,材料为白刚玉、棕刚玉、绿碳化硅、黑碳化硅等,代号分别为 GB、GZ、GC、TH、或 WA、A、TL、C,砂轮尺寸一般为外径×厚度×孔径＝250 mm×25 mm×32 mm。表面平整后,将样品及手用水冲洗干净。

（2）细磨

细磨的目的是消除粗磨存在的磨痕,获得更为平整光滑的磨面。细磨是在一套粒度不同的金相砂纸上由粗到细依次进行磨制,砂纸号数一般为180、400、600、800、1000,粒度由粗到细。对于一般材料(如碳钢样品)磨制方式有手工磨制和机械磨制。

手工磨制。将砂纸铺在玻璃板上,一手按住砂纸,一手拿样品在砂纸上单向推磨,用力要均匀,使整个磨面都磨到。更换砂纸时,要把手、样品、玻璃板等清理干净,并与上道磨痕方向垂直磨制,如图1-11所示,磨到前道磨痕完全消失时才能更换砂纸。也可用水砂纸进行手工湿磨,即在序号为180、400、600、1000的水砂纸上边冲水边磨制。

机械磨制。在预磨机上铺上水砂纸进行磨制与手工湿磨方法相同。

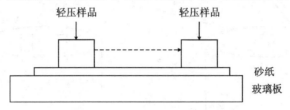

图1-11   砂纸上磨制方法示意图

3. 抛光

抛光的目的是消除细磨留下的磨痕,获得光亮无痕的镜面。方法有机械抛光、电解抛光、化学抛光和复合抛光等,最常用的是机械抛光。

(1)机械抛光

机械抛光是在专用的抛光机上进行,靠极细的抛光粉和磨面间产生的相对磨削和滚压作用来消除磨痕,分为粗抛光和细抛光两种,如图1-12所示。

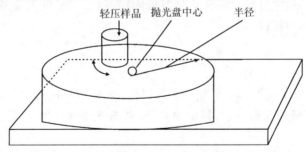

图1-12   样品在抛光盘中心与边缘之间抛光示意图

①粗抛光。粗抛光一般是在抛光盘上铺以细帆布,手握样品在专用的抛光机上进行,边抛光边加抛光液。抛光液通常为Cr_2O_3、Al_2O_3等粒度为$1\sim5$ μm的粉末制成水的悬浮液,一般1 L水加入$5\sim10$ g抛光剂。一般的钢铁材料粗抛光可获得光亮的表面。

②细抛光。细抛光是在抛光盘上铺以丝绒、丝绸等,用更细的Al_2O_3、Fe_2O_3

粉制成水的悬浮液,抛光方法与粗抛光的方法相同。

样品磨面上磨痕变化如图 1-13 所示。

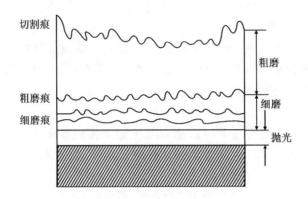

图 1-13　样品磨面上磨痕变化示意图

（2）电解抛光

电解抛光是利用阳极腐蚀法使样品表面光滑平整的方法。把磨光的样品浸入电解液中,样品作为阳极,阴极可用铝片或不锈钢片制成,接通电源,一般用直流电源,由于样品表面高低不平,在表面形成一层厚度不同的薄膜,凸起的部分膜薄,因而电阻小,电流密度大,金属溶解的速度快,而下凹的部分形成的膜厚,溶解的速度慢,使样品表面逐渐平坦,最后形成光滑表面。

电解抛光优点是只产生纯化学的溶解作用,无机械力的影响,所以能够显示金相组织的真实性,特别适用于有色金属及其他的硬度低、塑性大的金属,如铝合金、不锈钢等。缺点是不适用于非金属夹杂物及偏析组织、塑料镶嵌的样品等。

（3）化学抛光

化学抛光是靠化学试剂对样品表面凹凸不平区域的选择性溶解作用消除磨痕的一种方法。化学抛光液多数由酸或混合酸、过氧化氢及蒸馏水等组成,酸主要起化学溶解作用,过氧化氢可以提高金属表面的活性,蒸馏水为稀释剂。

化学抛光优点是操作简单,成本低,不需专门设备,抛光同时还兼有化学浸蚀作用,可直接观察。缺点是样品的平整度差,夹杂物易蚀掉,抛光液易失效,只适用于低、中倍观察。对于软金属如锌、铅等化学抛光比机械抛光、电解抛光效果更好。

4. 腐蚀（浸蚀）

经过抛光的样品,在显微镜下观察时,除非金属夹杂物、石墨、裂纹及磨痕等能看到外,只能看到光亮的磨面,要看到组织必须进行腐蚀。腐蚀的方法有多种,如化学腐蚀、电解腐蚀、恒电位腐蚀等,最常用的是化学腐蚀法。下面介绍化学腐蚀显示组织的基本过程。

(1)化学腐蚀法的原理

化学腐蚀的主要原理是利用浸蚀剂对样品表面引起的化学溶解作用或电化学作用(微电池作用)来显示组织。

(2)化学腐蚀的方式

化学腐蚀的方式取决于组织中组成相的性质和数量。纯粹的化学溶解是很少的。一般把纯金属和均匀的单相合金的腐蚀主要看作是化学溶解过程,两相或多相合金的腐蚀,主要是电化学溶解过程。

1)纯金属或单相合金的化学腐蚀

它是一个纯化学溶解过程,由于其晶界上原子排列紊乱,具有较高的能量,故易被腐蚀形成凹沟。同时由于每个晶粒排列位向不同,被腐蚀程度也不同,所以在明场下显示出明暗不同的晶粒,见图1-14。

2)两相合金的浸蚀

它是一个电化学的腐蚀过程。由于各组成相具有不同的电极电位,样品浸入腐蚀剂中,就在两相之间形成无数对微电池。具有负电位的一相成为阳极,被迅速溶入浸蚀剂中形成低凹;具有正电位的另一相成为阴极,在正常的电化学作用下不受浸蚀而保持原有平面。当光线照到凹凸不平的样品表面上时,由于各处对光线的反射程度不同,在显微镜下就看到各种的组织和组成相,如图1-15所示。

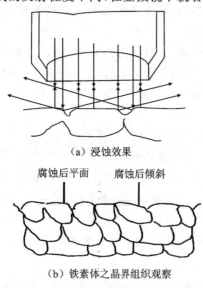

(a)浸蚀效果

(b)铁素体之晶界组织观察

图1-14　单相均匀固溶体浸蚀示意图

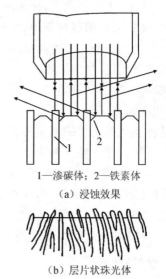

1—渗碳体;2—铁素体

(a)浸蚀效果

(b)层片状珠光体

图1-15　两相组织浸蚀示意图

3)多相合金的腐蚀

一般而言,多相合金的腐蚀,同样也是一个电化学溶解的过程,其腐蚀原理与两相合金相同。但多相合金的组成相比较复杂,用一种腐蚀剂来显示多种相难以达到,可采取选择腐蚀法等专门的方法。

(3)化学腐蚀剂

化学腐蚀剂是用于显示材料组织而配制的特定的化学试剂,多数腐蚀剂是在实际的实验中总结归纳出来的。一般腐蚀剂是由酸、碱、盐以及酒精和水配制而成,钢铁材料最常用的化学腐蚀试剂是3‰～5‰硝酸酒精溶液,各种材料的腐蚀剂可查阅有关手册。

(4)化学腐蚀方法

化学腐蚀方法一般有浸蚀法、滴蚀法和擦蚀法,如图1-16所示。

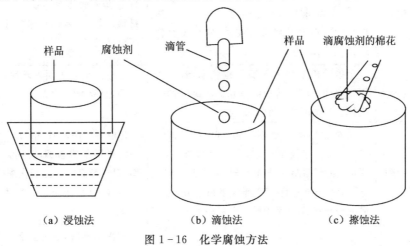

（a）浸蚀法　　　　　　（b）滴蚀法　　　　　　（c）擦蚀法

图1-16　化学腐蚀方法

1)浸蚀法

将抛光好的样品放入腐蚀剂中,抛光面向上,或抛光面向下,浸入腐蚀剂中,不断观察表面颜色的变化,当样品表面略显灰暗时,即可取出,充分冲水冲酒精,再快速用吹风机充分吹干。

2)滴蚀法

一手用竹夹子夹住样品,表面向上,另一手用滴管吸入腐蚀剂滴在样品表面,观察表面颜色的变化情况,当表面颜色变灰时,再过2～3 s即可充分冲水冲酒精,再快速用吹风机充分吹干。

3)擦蚀法

用沾有腐蚀剂的棉花轻轻地擦拭抛光面,同时观察表面颜色的变化,当样品表面略显灰暗时,即可停止,充分冲水冲酒精,再快速用吹风机充分吹干。

经过上述操作,腐蚀完成后,金相样品的制备即告结束。这时候要将手和样品的所有表面都完全干燥后,方可在显微镜下观察和分析金相样品的组织。

以上方法总结于表1-1中。

表 1-1　金相样品的制备方法

序号	步骤	方法	注意事项
1	取样	在要检测的材料或零件上截取样品,取样部位和磨面根据分析要求而定,截取方法视材料硬度选择,有车、刨、砂轮切割、线切割及锤击法等,尺寸以适宜手握为宜	无论用哪种方法取样,都要尽量避免和减少因塑性变形和受热所引起的组织变化现象。截取时可加水等冷却剂冷却
2	镶嵌	若由于零件尺寸及形状的限制,使取样后的尺寸太小、不规则,或需要检验边缘的样品,应将分析面平整后进行镶嵌。有热镶嵌和冷镶嵌及机械夹持法,应根据材料的性能选择	热镶嵌要在专用设备上进行,只适应于加热对组织不影响的材料。若有影响,要选择冷镶嵌或机械夹持
3	粗磨	用砂轮机或挫刀等磨平检验面,若不需要观察边缘时可将边缘倒角。粗磨的同时去掉了切割时产生的变形层	若有渗层等表面处理时,不要倒角,且要磨掉约 1.5 mm,如渗碳层
4	细磨	按金相砂纸号顺序:180、400、600、800、1000 将砂纸平铺在玻璃板上,一手拿样品,一手按住砂纸磨制,更换砂纸时,磨痕方向应与上道磨痕方向垂直,磨到前道磨痕消失为止,砂纸磨制完毕,将手和样品冲洗干净	每道砂纸磨制时,用力要均匀,一定要磨平检验面,转动样品表面,观察表面的反光变化来确定,更换砂纸时,勿将砂粒带入下道工序
5	粗抛光	用绿粉(Cr_2O_3)水溶液作为抛光液在帆布上进行抛光,将抛光液少量多次地加入到抛光盘上进行抛光	初次制样时,适宜在抛光盘约半径一半处抛光,感到阻力大时,就该加抛光液了。注意安全,以免样品飞出伤人
6	细抛光	用红粉(Fe_2O_3)水溶液作为抛光液在绒布上抛光,将抛光液少量多次地加入到抛光盘上进行抛光,也可选择粒度为 $0.5\sim2.5\ \mu m$ 的金刚石抛光膏或喷雾抛光剂	同上
7	腐蚀	抛光好的金相样品表面光亮无痕,若表面干净干燥,可直接腐蚀,若有水分可用酒精冲洗吹干后腐蚀。将抛光面浸入选定的腐蚀剂中(钢铁材料最常用的腐蚀剂是 3%～5%的硝酸酒精),或将腐蚀剂滴入抛光面,当颜色变成浅灰色时,再过 2～3 s,用水冲洗,再用酒精冲洗,并充分干燥	这步动作之间的衔接一定要迅速,以防氧化污染。腐蚀完毕,必须将手与样品彻底吹干,一定要完全充分干燥,方可在显微镜下观察分析,否则显微镜镜头会损坏

1.1.3　自动磨抛技术

　　为了提高试样制备质量的再现性和一致性,半自动抛光/抛光机已广泛应用于金相制样中,它可以对每个工序的各个参数进行设定并准确地按照设定的参数运行。在此基础上,全自动磨光/抛光机也应用于金相制样之中。全自动磨抛机采用了先进的微处理器控制系统,使得磨抛盘、磨抛头的转速实现无级可调,制样压力、时间设定直观、便捷。操作者只需要更换磨抛盘或者砂纸和织物即可完成磨、抛工序的操作。全自动磨抛机具备磨抛盘旋转方向可任意选择、磨抛盘可快速更换、多试样夹持器和气动单点加载、磨料自动配送等功能,还具有转动平稳、安全可靠、噪音低等特点。

　　相比于手工制样质量主要取决于操作者技能,自动化制样可以获得更好更快的结果、最高的再现性和产能。以普通的 50♯ 碳钢制样过程为例,采用图 1-17 所示的 Struers Hexamatic 全自动磨光/抛光机(抛光盘直径 300 mm),试样夹具可同时安装 6 个试样,制样过程和所需时间如表 1-2 所示,合计 9 min 35 s。参考全国大学生金相技能大赛的竞赛规则,完整的制样过程包括粗磨、细磨、抛光、腐蚀和显微镜观察需要 35 min,除去腐蚀和显微镜观察 10 min,可以估计人工完成一个样品制备环节中的磨光和抛光最快 25 min。这样可以初步估算自动化制样的效率是人工制样的 16 倍。

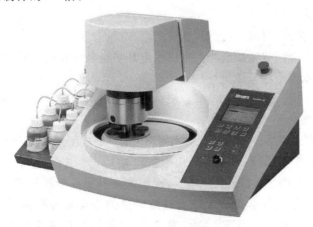

图 1-17　进口全自动磨光/抛光机

表 1 – 2　自动磨抛流程与参数

步骤	粗磨	精磨(9 μm)	金刚石抛光(3 μm)	氧化物抛光(0.04 μm)
磨抛面	Stone ♯150	MD – Allegro composite	MD – Dac Acetat	MD – Chem Neoprene
磨粒类型		DiaPro Allegro/Largo9	DiaPro Dac 3	OP-U
力/N	30	50	50	15
时间/min	50	275	200	50

1.2　课内实验

实验 1　金相样品制备与金相显微镜下组织显示观察

1. 实验目的

①初步学会金相样品制备的基本方法。

②分析样品制备过程中产生的缺陷及防止措施。

③熟悉金相显微镜的基本原理及使用方法。

④初步认识金相显微镜下的组织特征。

2. 实验概述

(1)金相显微镜的构造与使用

以 IE200M 型金相显微镜为例来说明金相显微镜的构造与使用方法。

1) IE200M 型金相显微镜结构

如图 1 – 18 所示为 IE200M 型金相显微镜的结构,各部件的位置及功能如下。

①照明系统。

落射式柯拉照明系统,带可变孔径光阑和中心可调视场光阑,采用 100～240 V AC 宽电压,单颗 3 W LED 灯(6V30W 卤素灯可选),光强连续可调。灯泡前有聚光镜,孔径光阑及反光镜等安装在底座上,视场光阑及另一聚光镜安装在支架上,通过一系列透镜作用及配合组成了照明系统。目的是样品表面能得到充分均匀的照明,使部分光线被反射而进入物镜成像,并经物镜及目镜的放大而形成最终观察的图像。

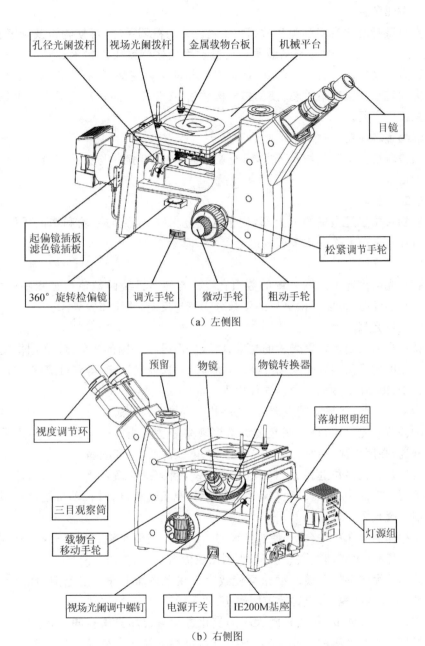

孔径光阑拨杆　视场光阑拨杆　金属载物台板　机械平台

目镜

起偏镜插板
滤色镜插板

360°旋转检偏镜　调光手轮　微动手轮　粗动手轮

松紧调节手轮

（a）左侧图

预留　物镜　物镜转换器

视度调节环

落射照明组

三目观察筒

灯源组

载物台
移动手轮

视场光阑调中螺钉　电源开关　IE200M基座

（b）右侧图

图 1-18　IE200M 型金相显微镜的结构

②调焦装置。

在显微镜两侧有粗调焦和微调焦手轮。转动粗调手轮,可使物镜及物镜转换器上下运动,其中一侧有制动装置。而微动手轮使弯臂很缓慢地移动,右微动手轮上刻有分度,每小格值为 0.002 mm,在左粗动手轮左侧,装有松紧调节手轮,顺时针方向转动松紧调节手轮,使调焦机构放松,按相反方向转动松紧调节手轮,则使调焦机构锁紧。

③物镜转换器。

物镜转换器位于载物台下方,可更换不同倍数的物镜,与目镜配合,获得所需的放大倍数。

④载物台。

载物台位于显微镜的最上部,用于放置金相样品,纵向手轮和横向手轮可使载物台在水平面上作一定范围内的十字定向移动。

⑤孔径光阑。

孔径光阑决定了照明系统的数值孔径。当照明系统的数值孔径和物镜的数值孔径相匹配时,可以提供更好的图像分辨率与反差,并能加大景深。

⑥视场光阑。

视场光阑限制进入聚光镜的光束直径,从而排除外围的光线,增强图像反差。当视场光阑的成像刚好在视场外缘时,物镜能发挥最优性能,得到最清晰的成像。

2) IE200M 型金相显微镜操作规程

①接通电源,将显微镜电源开关拨到"—"(接通)状态。

②调节调光手轮,将照明亮度调节到观察舒适为止。顺时针转动调光手轮,电压升高,亮度增强;逆时针转动调光手轮,电压降低,亮度减弱。

③根据放大倍数选择适当的物镜和目镜,用物镜转换器将其转到固定位置,需调整两目镜的中心距,以使与观察者的瞳孔距相适应,同时转动目镜调节圈,使其示值与瞳孔距一致。

④把样品放在载物台上,使观察面向下。转动粗调手轮,使载物台下降,在看到物体的像时,再转动微调焦手轮,直到图像清晰。

⑤调节纵向手轮和横向手轮可使载物台在水平面上作一定范围内的十字定向移动,用于选择视域,但移动范围较小,要一边观察,一边转动。

⑥孔径光阑调节:孔径光阑大小的变化方向与视场光阑相同,通过调节孔径光阑拨杆来控制光阑的大小。实际使用时,可根据被观察样品成像反差的大小,来相应调节孔径光阑的大小,以观察舒适、衬度良好为准。

⑦视场光阑调节:把视场光阑拨杆逆时针推到最左面,即把视场光阑开到最小。通过目镜观察,此时能在视场内看到视场光阑的成像。调节左右两个视场光

阑调中螺钉,将视场光阑的像调到视场中心。逐步打开视场光阑,如果视场光阑的图像和视场内切,表示视场光阑已正确对中了。实际使用时,稍加大视场光阑,使它的图像刚好与视场外切,此时物镜能发挥最优性能,得到最清晰的成像。

3)注意事项

①显微镜是精密仪器,操作时要小心,尽可能避免物理震动,严禁任何剧烈的动作。

②需要移动显微镜时,双手应分别握住显微镜的背部缺口处和托住观察筒的较低侧,并小心轻放。如果在移动显微镜时,抓住显微镜的机械平台、调焦手轮等,将会对显微镜产生损害。

③在用显微镜进行观察前必须将手洗净擦干,并保持室内环境的清洁。

④显微镜的玻璃部分及样品观察面严禁手指直接接触。

⑤在转动粗调手轮时,动作一定要慢,若遇到阻碍时,应立即停止操作,报告指导教师,千万不能用力强行转动,否则仪器容易损坏。

⑥要观察用的金相样品必须完全干燥。

⑦选择视域时,要缓慢转动手轮,边观察边进行,勿超出范围。

(2)金相样品制备的基本方法

金相样品的制备过程一般包括取样、镶嵌、粗磨、细磨、抛光和腐蚀步骤。虽然随着科学技术的不断发展,样品制备的设备越来越先进,自动化的程度越来越高,有预磨机、自动抛光机等,但目前在我国手工制备金相样品的方法,由于有许多优点仍在广泛使用。在前一节中已介绍了基本过程,下面主要介绍制备要点和金属材料的化学腐蚀剂与方法。

1)金相样品制备的要点

取样时,按检验目的确定其截取部位和检验面,尺寸要适合手拿磨制,若无法做到,可进行镶嵌,并要严防过热与变形,引起组织改变。

对尺寸太小或形状不规则和要检验边缘的样品,可进行镶嵌或机械夹持。根据材料的特点选择热镶嵌、冷镶嵌或机械夹持。

粗磨时,主要要磨平检验面,去掉切割时的变形及过热部分,同时要防止又产生过热,并注意安全。

细磨时,用力要大小合适均匀,且使样品整个磨面全部与砂纸接触,单方向磨制距离要尽量地长。更换砂纸时,不要将砂粒带入下道工序。

抛光时,要将手与整个样品清洗干净,在抛光盘边缘和中心之间进行抛光。用力要均匀适中,少量多次地加入抛光液,并要注意安全。

腐蚀前,样品抛光面要干净干燥,腐蚀操作过程衔接要迅速。

腐蚀后,要将整个样品与手完全冲洗干净,并充分干燥后,才能在显微镜下进行观察与分析工作。

2)金属材料常用腐蚀剂及腐蚀方法

①金属材料常用腐蚀剂。

金属材料常用腐蚀剂,如表1-3所示,其他材料的腐蚀剂可查阅有关手册。

表1-3　金属材料常用腐蚀剂

序号	腐蚀剂名称	成分/ml 或 g	腐蚀条件	适应范围
1	硝酸酒精溶液	硝酸 1~5 酒精 100	室温腐蚀数秒	碳钢及低合金钢,能清晰地显示铁素体晶界
2	苦味酸酒精溶液	苦味酸 4 酒精 100	室温腐蚀数秒	碳钢及低合金钢,能清晰地显示珠光体和碳化物
3	苦味酸钠溶液	苦味酸 2~5 苛性钠 20~25 蒸馏水 100	加热到 60 ℃腐蚀 5~30 min	渗碳体呈暗黑色,铁素体不着色
4	混合酸酒精溶液	盐酸 10 硝酸 3 酒精 100	腐蚀 2~10 min	高速钢淬火及淬火回火后晶粒大小
5	王水溶液	盐酸 3 硝酸 1	腐蚀数秒	各类高合金钢及不锈钢组织
6	氯化铁、盐酸水溶液	三氯化铁 5 盐酸 10 水 100	腐蚀 1~2min	黄铜及青铜的组织显示
7	氢氟酸水溶液	氢氟酸 0.5 水 100	腐蚀数秒	铝及铝合金的组织显示

②样品腐蚀(即浸蚀)的方法。

金相样品腐蚀的方法有多种,最常用的是化学腐蚀法,化学腐蚀法是利用腐蚀剂对样品的化学溶解和电化学腐蚀作用将组织显示出来。其腐蚀方式取决于组织中组成相的数量和性质。

纯金属或单相均匀的固溶体的化学腐蚀方式:其腐蚀主要为纯化学溶解的过程。例如工业纯铁退火后的组织为铁素体和极少量的三次渗碳体,可近似看作是单相的铁素体固溶体,由于铁素体晶界上的原子排列紊乱,并有较高的能量,因此晶界处容易被腐蚀而显现凹沟,同时由于每个晶粒中原子排列的位向不同,所以各自溶解的速度各不一样,使腐蚀后的深浅程度也有差别。在显微镜明场下,即垂直光线的照射下将显示出亮暗不同的晶粒。

两相或两相以上合金的化学腐蚀方式：对两相或两相以上的合金组织，腐蚀主要为电化学腐蚀过程。例如共析碳钢退火后层状珠光体组织的腐蚀过程，层状珠光体是铁素体与渗碳体相间隔的层状组织。在腐蚀过程中，因铁素体具有较高的负电位而被溶解，渗碳体具有较高的正电位而被保护，在两相交界处铁素体一侧因被严重腐蚀而形成凹沟。因而在显微镜下可以看到渗碳体周围有一圈黑色，显示出两相的存在。

（3）金相样品常见的制备过程缺陷

在观察金相样品的显微组织时，常可看见如下的缺陷组织，可能引起错误的结论，应学会分析和判断。这些缺陷的产生，是由于金相样品制备的操作不当所致。

• 划痕：在显微镜视野内，呈现黑白的直道或弯曲道痕，穿过一个或若干晶粒，粗大的、直的道痕是磨制过程留下的痕迹，抛光未除去。而弯曲道痕是抛光过程中产生的，只要用力轻均可消除。

• 水迹与污染：在显微组织图像上出现串状水珠或局部彩色区域，是酒精未将水彻底冲洗干净所致。

• 变形扰乱层：显微组织图像上出现不真实的模糊现象，是磨抛过程用力过大引起。

• 麻坑：显微组织图像上出现许多黑点状特征，是抛光液太浓太多所致。

• 腐蚀过深：显微组织图像失去部分真实的组织细节。

• 拖尾：显微组织图像上出现方向性拉长现象，是样品沿某一方向抛光所致。

3. 实验内容

①观看金相样品制备及显微镜使用的录像。

②制备金相样品。

③在显微镜上观察金相样品，初步认识显微镜下的组织特征。

4. 实验设备与材料

多媒体设备一套、数码金相显微镜数台、抛光机、吹风机、样品、不同号数的砂纸、玻璃板、抛光粉悬浮液、4%的硝酸酒精溶液、酒精、棉花等。

5. 实验流程

①阅读实验指导书上的有关部分及认真听取教师对实验内容等的介绍。

②观看金相样品制备及显微镜使用的录像。

③每位同学领取一块样品、一套金相砂纸、一块玻璃板。按上述金相样品的制备方法进行操作。操作中必须注意每一个步骤中的要点及注意事项。

④将制好的样品放在显微镜上观察,注意正确使用显微镜,并分析样品制备的质量好坏,初步认识显微镜下的组织特征。

6. 实验报告要求

①简述金相显微镜的基本原理和主要结构。

②叙述金相显微镜的使用方法要点及其注意事项。

③简述金相样品的制备步骤。

④结合实验原始记录,分析自己在实际制样中出现的问题,并提出改进措施。

⑤对本次实验的意见和建议。

7. 思考题

①显微镜的放大倍数越大,是否看到的组织越清晰?

②显微镜的分辨率取决于什么?

③细磨试样更换砂纸时,磨痕方向为什么要与上道磨痕方向垂直?

金相样品制备与金相显微镜下组织显示观察
实验原始记录

学生姓名	班级	实验日期
显微镜型号	物镜放大倍数	目镜放大倍数
样品材料	浸蚀剂	自制样品组织描述
制样过程简记	异常现象记录	

指导教师签名：＿＿＿＿＿＿

实验 2　铁碳合金平衡组织观察分析

1. 实验目的

①加深对碳钢和白口铸铁在平衡状态下的显微组织的认识与掌握,分析含碳量对铁碳合金的平衡组织的影响,加深理解成分、组织和性能之间的相互关系。

②熟悉灰口铸铁中的石墨形态和基体组织的特征,了解浇铸及处理条件对铸铁组织和性能的影响,并分析石墨形态对铸铁性能的影响。

2. 实验概述

(1)介稳定系铁碳合金平衡组织概述

铁碳合金的显微组织是研究钢铁材料的基础。所谓铁碳合金平衡状态的组织是指在极为缓慢的冷却条件下,如退火状态所得到的组织,其相变过程按 Fe - Fe_3C 相图进行。

铁碳合金室温平衡组织均由铁素体 F 和渗碳体 Fe_3C 两个相按不同数量、大小、形态和分布所组成。铁碳合金经过缓慢冷却后,所获得的显微组织,基本上与铁碳相图上的各种平衡组织相同,根据 Fe - Fe_3C 相图中含碳量的不同,铁碳合金的室温显微组织可分为工业纯铁、钢和白口铸铁三类。按组织标注的 Fe - Fe_3C 平衡相图如图 1 - 19 所示。

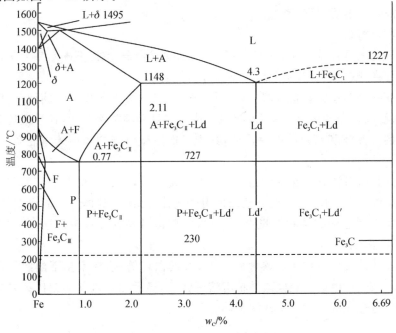

图 1 - 19　Fe - Fe_3C 平衡相图

1) 工业纯铁

工业纯铁是含碳量小于 0.0218% 的铁碳合金,室温显微组织为铁素体和少量三次渗碳体。

2) 碳钢

碳钢是含碳量在 0.0218%～2.11% 的铁碳合金,根据含碳量和室温组织,可将其分为三类:亚共析钢、共析钢和过共析钢。

• 亚共析钢是含碳量在 0.0218%～0.77% 的铁碳合金,室温组织为铁素体和珠光体。随着含碳量的增加,铁素体的数量逐渐减少,而珠光体的数量则相应地增加。显微组织中铁素体呈白色,珠光体呈暗黑色或层片状。

• 共析钢是含碳量为 0.77% 的铁碳合金,其显微组织由单一的珠光体组成,即铁素体和渗碳体的混合物。在光学显微镜下观察时,可看到层片状的特征,即渗碳体呈细黑线状和少量白色细条状分布在铁素体基体上,若放大倍数低,珠光体组织细密或腐蚀过深时,珠光体片层难于分辨,而呈现暗黑色区域。

• 过共析钢是含碳量在 0.77%～2.11% 的铁碳合金,室温组织为珠光体和网状二次渗碳体。含碳量越高,渗碳体网越多、越完整。当含碳量小于 1.2% 时,二次渗碳体呈不连续网状,强度、硬度增加,塑性、韧性降低;当含碳量大于或等于 1.2% 时,二次渗碳体呈连续网状,使强度、塑性、韧性显著降低。过共析钢含碳量一般不超过 1.3%～1.4%,二次渗碳体网用硝酸酒精溶液腐蚀呈白色,若用苦味酸钠溶液热腐蚀后,呈暗黑色。

3) 白口铸铁

白口铸铁是含碳量在 2.11%～6.69% 的铁碳合金,室温下碳几乎全部以渗碳体形式存在,按含碳量和室温组织将其分为三类。

• 亚共晶白口铸铁是含碳量在 2.11%～4.3% 的铁碳合金,室温组织由珠光体、二次渗碳体和变态莱氏体 Ld′ 组成。用硝酸酒精溶液腐蚀后,在显微镜下呈现枝晶状的珠光体和斑点状的莱氏体,其中二次渗碳体与共晶渗碳体混在一起,不易分辨。

• 共晶白口铸铁是含碳量为 4.3% 的铁碳合金,室温组织由单一的莱氏体组成。经腐蚀后在显微镜下,变态莱氏体由珠光体、二次渗碳体及共晶渗碳体组成,珠光体呈暗黑色的细条状及斑点状,二次渗碳体常与共晶渗碳体连成一片,不易分辨,呈亮白色。

• 过共晶白口铸铁是含碳量大于 4.3% 的白口铸铁,在室温下的组织由一次渗碳体和莱氏体组成。经硝酸酒精溶液腐蚀后,显示出斑点状的莱氏体基体上分布着亮白色粗大的片状的一次渗碳体。

（2）灰口铸铁合金组织概述

在灰口铸铁中,碳还可以另一种形式存在,即游离状态的石墨,用 G 表示,所以,铁碳合金的结晶过程存在两个相图,即上述的 Fe - Fe₃C 介稳定系相图和 Fe - G 稳定系相图,即铁碳双重相图,如图 1-20 所示。由铁碳双重相图可知,铸铁凝固时碳可以以两种形式存在,即以渗碳体 Fe₃C 的形式和石墨 G 的形式存在。碳大部分以渗碳体 Fe₃C 形式存在时,因其断口呈白色,而称白口铸铁;碳大部分以石墨形式存在时,因其断口呈灰色,而称灰口铸铁。

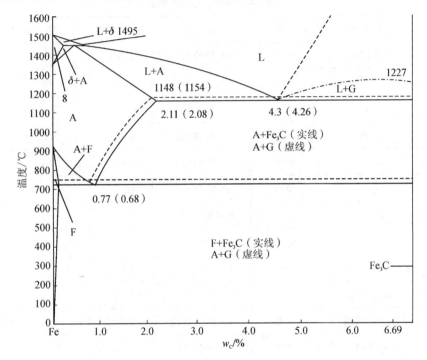

图 1-20　Fe-C 双重相图

灰口铸铁的显微组织可简单地看成是钢基体和石墨夹杂物共同构成。按石墨形态可将灰口铸铁分为灰铸铁、球墨铸铁、蠕墨铸铁和可锻铸铁四种。按基体的不同又可分为三类,即铁素体、珠光体和铁素体＋珠光体基体的灰口铸铁。灰口铸铁具有优良的铸造性能、切削加工性能、耐磨性和减磨性,在工业上得到广泛的应用。

3. 实验内容

① 熟悉金相样品的制备方法与显微镜的原理和使用。

② 用光学显微镜观察和分析表 1-3 中各金相样品的显微组织。

③ 结合相图分析不同含碳量的铁碳合金的凝固过程、室温组织及形貌特点。

4. 实验仪器及材料

①拟观察金相样品见表 1-4;

②IE200M 型和 MDJ-DM 型金相显微镜数台;

③多媒体设备一套;

④金相组织照片两套。

表 1-4　钢铁平衡组织样品

序号	材料名称	处理状态	腐蚀剂	放大倍数	显微组织
1	工业纯铁	退火	4%硝酸酒精	400×	$F+Fe_3C_{III}$
2	20 钢	正火	4%硝酸酒精	400×	$F+P$
3	40 钢	正火	4%硝酸酒精	400×	$F+P$
4	60 钢	退火	4%硝酸酒精	400×	$F+P$
5	T8 钢	退火	4%硝酸酒精	400×	P
6	T12	退火	4%硝酸酒精	400×	$P+Fe_3C_{II}$
7	T12	退火	苦味酸钠溶液	400×	$P+Fe_3C_{II}$
8	T12	球化退火	4%硝酸酒精	400×	$P_球(F+Fe_3C_球)$
9	亚共晶白口铸铁	铸态	4%硝酸酒精	400×	$P+Fe_3C_{II}+Ld'$
10	共晶白口铸铁	铸态	4%硝酸酒精	400×	Ld'
11	过共晶白口铸铁	铸态	4%硝酸酒精	400×	Fe_3C_I+Ld'
12	灰铸铁	铸态	4%硝酸酒精	400×	$F+P+G_片$
13	球墨铸铁	铸态	4%硝酸酒精	400×	$F+P+G_球$
14	蠕墨铸铁	铸态	4%硝酸酒精	400×	$P+G_蠕虫$

5. 实验流程

①任选一实验试样在金相显微镜上分别观察低倍和高倍下的组织特点,巩固金相显微镜的使用方法。

②在金相显微镜上观察实验的全部金相试样,对钢铁平衡组织有一个整体的印象。

③按实验报告要求,在每一类组织中选其一画出组织示意图。

6. 实验报告要求

(1)画组织示意图

1)画出下列试样的组织示意图

纯铁；

亚共析钢、共析钢和过共析钢各选一个；

白口铸铁与灰口铸铁各选一个。

2)画图方法要求

应画在原始记录表中的 30～50 mm 直径的圆内,注明材料名称、含碳量、腐蚀剂和放大倍数,并将组织组成物用细线引出标明,如图 1-21 所示。

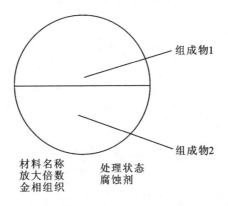

图 1-21　组织示意图

在实验原始记录表上按要求画出,并和正式报告一起交上。

(2)回答以下问题

①分析所画组织的形成原因及其性能,并近似确定一种亚共析钢的含碳量。

②根据实验结果,结合所学知识,分析碳钢成分、组织和性能之间的关系。

③分析碳钢(任选一种成分)或白口铸铁(任选一种成分)凝固过程。

④总结碳钢、铸铁中各种组织组成物的本质和形态特征。

注:以上问题可按具体情况选做。

(3)对本次实验的感想与建议

7. 思考题

①以碳钢材料为例,解释相、组织组成物和显微组织的概念及其相互关系。

②相图是体系的平衡状态图,为什么铁碳合金具有双重相图?

钢铁平衡组织的观察与分析

原　始　记　录

学生姓名：_____　班级：_____　实验日期：_____年_____月_____日

材料名称			材料名称		
组织示意图			组织示意图		
金相组织		热处理状态	金相组织		热处理状态
放大倍数		浸蚀剂	放大倍数		浸蚀剂

材料名称			材料名称		
组织示意图			组织示意图		
金相组织		热处理状态	金相组织		热处理状态
放大倍数		浸蚀剂	放大倍数		浸蚀剂

续表

材料名称		材料名称	
组织示意图		组织示意图	
金相组织		热处理状态		金相组织		热处理状态	
放大倍数		浸蚀剂		放大倍数		浸蚀剂	

材料名称		材料名称	
组织示意图		组织示意图	
金相组织		热处理状态		金相组织		热处理状态	
放大倍数		浸蚀剂		放大倍数		浸蚀剂	

指导教师签名：＿＿＿＿＿＿＿＿＿＿

实验 3　钢铁热处理组织与缺陷组织观察分析

1. 实验目的
① 了解钢的热处理原理。
② 识别碳钢的正火、淬火和回火组织特征,并分析其性能特点。
③ 掌握热处理组织的形成条件和组织性能特点。

2. 实验概述
(1) 钢铁热处理

改善金属材料特别是工程中常用的钢铁材料的性能,热处理是一种常用的重要加工工艺。所谓热处理就是将工件放入热处理炉中,通过加热、保温和冷却的方法,改变金属合金的内部组织,从而获得所需性能的一种工艺操作。钢的热处理工艺除常用的普通热处理,即退火、正火、淬火和回火外,还有表面热处理,包括表面淬火、表面化学热处理和特种热处理,以及真空热处理、可控气氛热处理、形变热处理等。

一般大部分钢的热处理,如退火、正火、淬火等,都要将钢加热到其临界点(A_{c1}、A_{c3}、A_{cm})以上获得全部或部分晶粒细小的奥氏体,然后根据不同的目的要求,采用不同的冷却方式,奥氏体转变(等温或连续冷却转变)为不同的组织,从而使钢具有不同的性能。

(2) 热处理组织简述

根据碳钢的过冷奥氏体等温转变曲线(C 曲线)可知,不同的冷却条件下,过冷奥氏体将发生不同类型的转变,转变产物的组织形态各不相同。共析碳钢的 C 曲线如图 1-22 所示。

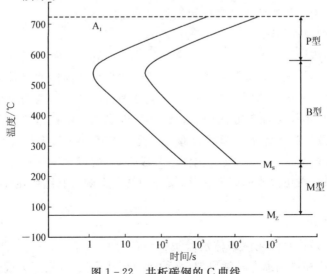

图 1-22　共析碳钢的 C 曲线

1)退火组织

退火是将钢铁工件在热处理炉中加热保温足够时间后,让工件随炉冷却,工件冷却速度很慢,近于平衡冷却过程。碳钢经退火后获得如实验2所述的各种平衡组织,共析钢和过共析钢经球化退火后,获得由铁素体和球状渗碳体组成的球状珠光体组织。

2)正火组织

碳钢的正火是将加热保温后的工件取出在空气中冷却,冷却速度较退火要快些,因此经正火后的组织比退火组织更细小。相同成分的亚共析钢,正火后珠光体含量比退火后的多。

3)淬火组织

钢铁工件的淬火是将工件在水、油等淬火介质中快速冷却,经淬火后获得不平衡组织。碳钢淬火后的组织为马氏体和残余奥氏体。淬火马氏体是碳在 α - Fe 中的过饱和固溶体,其形态取决于马氏体中的含碳量,低碳马氏体呈板条状,强而韧,高碳马氏体呈针叶状,硬而脆,而中碳钢淬火后得到板条马氏体和针叶状马氏体的混合组织。

4)等温淬火组织

碳钢等温淬火是将奥氏体化的工件从炉中取出放入恒温盐浴中冷却,等温淬火后获得贝氏体组织。在贝氏体转变温度范围内,等温温度较高时,获得上贝氏体,呈羽毛状,它是由过饱和的铁素体片和分布片间的断续细小的碳化物组成的混合物,塑性、韧性较差,应用较少;而等温温度较低时,获得下贝氏体,呈黑色的针叶状,它是由过饱和的铁素体和其上分布的细小的渗碳体粒子组成的混合物,下贝氏体强而韧。等温淬火的温度视钢的成分而定。

(3)钢铁的缺陷组织

1)带状组织

带状组织的特征是显微组织的两相或相组成物呈方向性的交替分布,一般在亚共析钢常见。其产生原因一是钢内存在成分偏析或含有较高的非金属夹杂物,热加工时,它们沿压力加工方向分布,结晶时,可能成为铁素体的核心,使铁素体呈带状分布,致使珠光体也呈带状分布。二是热加工的停锻温度在两相区,铁素体沿流动的方向呈带状结晶,使奥氏体也分成带状,所以转变的珠光体也呈带状,这种带状组织可用正火或退火消除,而第一种情况下的带状组织则不能用正火或退火消除。

2)魏氏组织

魏氏组织是铁素体或渗碳体沿着奥氏体的晶界向晶内以一定的位向呈针片状析出,在铸造和热处理中经常出现,这种组织韧性很低,可用正火或退火消除。

3)过热与过烧

过热的组织特点是晶粒粗大,甚至出现魏氏组织,原因是由于加热温度超过正常温度所致,使钢的韧性、塑性下降。但过热缺陷可用重新加热的方法补救。至于工件过烧,它是过热的进一步发展,加热温度过高,晶界出现氧化甚至局部熔化现象,使钢的性能严重变坏,无法补救,工件只能报废。

4)脱碳

脱碳是工件在氧化性的介质中长时间的加热保温,使表面层组织的含碳量部分或全部损失的现象,在工具、弹簧钢中易出现。脱碳会使工件表面强度、硬度下降。若不能将此层加工掉,只能报废。

5)淬火裂纹

淬火裂纹是在淬火冷却时形成的裂纹,有宏观和微观裂纹。淬火裂纹形成的原因是淬火介质冷却太剧烈,或淬火后未及时回火或淬火加热时过热,形成粗大的晶粒,引起开裂。或由于工件内部存在偏析等,也能导致淬火裂纹产生。如T12钢,过热淬火时常出现淬火裂纹。

6)非完全淬火

非完全淬火的一种原因是淬火加热温度低于正常的规定温度或保温时间不足,使工件未得到全部的奥氏体或未充分均匀化,冷却后得到不完全淬火组织。如果马氏体含碳量低,会引起强度、硬度不足或局部软点。另外一种原因是淬火介质的冷却能力不足或冷却不当等,工件冷却后不能完全形成马氏体组织,也会引起强度、塑性、韧性的降低。非完全淬火工件可以重新淬火来予以补救。

7)球化不良

球化退火常用于工具钢的预先热处理,其目的是将钢中的碳化物球化,提高塑性、韧性,为切削加工和淬火做准备。正常球化退火组织应为铁素体加均匀分布的球状碳化物,而当球化工艺及操作不当时,可能出现片状及球过大或过小等缺陷。可以通过严格控制工艺来防止球化不良现象的出现。

3. 实验内容

①进一步掌握显微镜正确使用方法。

②观看热处理工艺教学录像。

③用光学显微镜观察和分析表 1-5 中各金相样品的显微组织。

④总结分析不同含碳量钢的各种热处理下的组织及形貌特点。

4. 实验仪器及材料

①拟观察金相样品见表1-5。

表1-5 碳钢和铸铁的热处理组织与缺陷组织样品

序号	材料名称	处理状态	腐蚀剂	放大倍数	显微组织
1	15钢	淬火	4%硝酸酒精	400×	$M_板$
2	40钢	860℃淬火	4%硝酸酒精	400×	M
3	T12钢	780℃淬火	4%硝酸酒精	400×	$M+Fe_3C$
4	球墨铸铁	淬火	4%硝酸酒精	400×	$M_片+A'+G$
5	T12钢	780℃淬火+低温回火	4%硝酸酒精	400×	$M_回+Fe_3C$
6	40钢	860℃淬火+低温回火	4%硝酸酒精	400×	$M_回$
7	40钢	860℃淬火+中温回火	4%硝酸酒精	400×	$T_回$
8	40钢	860℃淬火+高温回火	4%硝酸酒精	400×	$S_回$
9	40Cr	460℃等温淬火	4%硝酸酒精	400×	$M+A'+B_上$
10	T8	280℃等温淬火	4%硝酸酒精	400×	$M+A'+B_下$
11	40钢	760℃淬火	4%硝酸酒精	400×	M+F
12	40钢	860℃淬油	4%硝酸酒精	400×	M+T
13	20钢	热轧	4%硝酸酒精	400×	F+P(带状)
14	40钢	高温正火	4%硝酸酒精	400×	F+P(魏氏)

②几种基本组织的概念与特征见表1-6。

表1-6 几种基本组织的概念及金相显微镜下的特征

组织名称	基本概念	腐蚀剂	显微镜下的特征
马氏体(M)	碳在α-Fe中的过饱和固溶体	4%硝酸酒精	主要呈针状或板条状
板条马氏体	含碳量低的奥氏体形成的马氏体	4%硝酸酒精	黑色或浅色不同位向的一束束平行的细长条状
片状马氏体	含碳量高的奥氏体形成的马氏体	4%硝酸酒精	浅色针状或竹叶状
残余奥氏体(A')	淬火未能转变成马氏体而保留到室温的奥氏体	4%硝酸酒精	分布在马氏体之间的白亮色
贝氏体(B)	铁素体和渗碳体的两相混合物	4%硝酸酒精	黑色羽毛状及针叶状
上贝氏体	平行排列的条状铁素体和条间断续分布的渗碳体组成	4%硝酸酒精	黑色成束的铁素体条,即羽毛状特征
下贝氏体	过饱和的针状铁素体内沉淀有碳化物	4%硝酸酒精	黑色的针叶状

③IE200M 和 MDJ－DM 型金相显微镜数台。

④多媒体设备一套。

⑤金相组织照片两套。

5. 实验流程

①任选一实验试样在金相显微镜上分别观察低倍和高倍下的组织特点,巩固金相显微镜的使用方法。

②在金相显微镜上观察实验的全部金相试样,对钢铁非平衡组织有一个整体的印象。

③按实验报告要求,在每一类组织中选 2 个画出组织示意图。

6. 实验报告要求

(1)画组织示意图

1)画出下列试样的组织示意图

• 碳钢正火组织一个;

• 低碳和高碳马氏体任选一个;

• 回火组织任选一个;

• 等温淬火组织任选一个;

• 钢铁缺陷组织任选两个。

2)画图

方法要求同实验 2。

(2)回答以下问题

①任选 2 种所画组织分析其形成的成分与工艺条件。

②根据实验结果,结合所学知识,对比分析淬火温度、淬火介质对亚共析钢淬火组织的影响。

③选择一种缺陷组织分析其形成的原因。

④总结碳钢淬火组织中各种组织组成物的本质和形态特征。

注:以上问题可按具体情况选做。

(3)对本次试验的感想与建议

7. 思考题

①谈谈你对非完全淬火的认识,亚临界淬火是否为非完全淬火?

②对比分析马氏体和下贝氏体组织的成因及性能差异。

③灰口铸铁中哪种可以通过热处理改善性能? 为什么不对灰铸铁进行调质处理?

钢铁热处理组织和缺陷组织的观察与分析

原 始 记 录

学生姓名：＿＿＿＿＿ 班级：＿＿＿＿＿ 实验日期：＿＿＿ 年 月 日

材料名称		材料名称	
组织示意图		组织示意图	
金相组织	热处理状态	金相组织	热处理状态
放大倍数	浸蚀剂	放大倍数	浸蚀剂

材料名称		材料名称	
组织示意图		组织示意图	
金相组织	热处理状态	金相组织	热处理状态
放大倍数	浸蚀剂	放大倍数	浸蚀剂

材料名称		材料名称	
组织示意图		组织示意图	
金相组织		热处理状态		金相组织		热处理状态	
放大倍数		浸蚀剂		放大倍数		浸蚀剂	

材料名称		材料名称	
组织示意图		组织示意图	
金相组织		热处理状态		金相组织		热处理状态	
放大倍数		浸蚀剂		放大倍数		浸蚀剂	

指导教师签名：＿＿＿＿＿＿＿＿＿＿

实验 4　钢铁热处理组织与性能综合实验

1. 实验目的

①了解碳钢热处理工艺操作。

②学会使用洛氏硬度计测量材料的硬度性能值。

③利用数码显微镜获取金相组织图像,掌握热处理后钢的金相组织分析。

④探讨淬火温度、淬火冷却速度、回火温度对 40 钢和 T12 钢的组织和性能
(硬度)的影响。

⑤巩固课堂教学所学相关知识,体会材料的成分、工艺、组织和性能之间的
关系。

2. 实验概述

(1)热处理工艺参数的确定

Fe-Fe$_3$C 平衡状态图和 C 曲线是制定碳钢热处理工艺的重要依据。热处理
工艺参数主要包括加热温度、保温时间和冷却速度。

1)加热温度的确定

淬火加热温度决定于钢的临界点。亚共析钢适宜的淬火温度为 A_{c3} 以上 30～
50 ℃,淬火后的组织为均匀而细小的马氏体。如果加热温度不足($<A_{c3}$),淬火组
织中仍保留一部分原始组织的铁素体,会造成淬火硬度不足。

过共析钢适宜的淬火温度为 A_{c1} 以上 30～50 ℃,淬火后的组织为马氏体和二
次渗碳体(分布在马氏体基体内成颗粒状)。二次渗碳体呈颗粒状弥散分布,会明
显增高钢的耐磨性。此外,加热温度较 A_{cm} 低,这样可以保证马氏体针叶较细,从
而减低脆性。

回火温度均在 A_{c1} 以下,其具体温度根据最终要求的性能(通常根据硬度要
求)而定。

2)加热温度与保温时间的确定

加热、保温的目的是为了使零件内外达到所要求的加热温度,完成应有的组
织转变。加热、保温时间主要决定于零件的尺寸、形状、钢的成分、原始组织状态、
加热介质、零件的装炉方式、装炉量和加热温度等。本实验采用一定尺寸的圆柱
形试样,在马福电炉中加热,保温时间按材料的有效直径乘以时间系数来计算,本
实验中时间系数取 0.8。

回火加热保温时间,应与回火温度结合起来考虑。一般来说,低温回火时,由
于所得组织并不是稳定的,内应力消除也不充分,为了使组织和内应力稳定,从而
使零件在使用过程中性能与尺寸稳定,所以回火时间要长一些,一般在 2～8 h,其

至更长的时间。高温回火时间一般在2 h左右,不宜过长,过长会使钢软化,并造成材料内部晶粒长大,外部氧化脱碳倾向严重,最终影响该材料的机械性能与外形尺寸。本试验淬火后的试样分别按不同温度回火(见表1-7),回火保温时间均在1 h内,仅是便于观察试样的组织,而对消除该材料热处理后的内应力而言这样的回火时间是远远不够的。

3)冷却介质与方法

冷却介质是影响钢最终获得组织与性能的重要工艺参数,同一种碳钢,在不同冷却介质中冷却时,由于冷却速度不同,奥氏体在不同温度下发生转变,并得到不同的转变产物。淬火介质主要根据所要求的组织和性能来确定。常用的介质有水、盐水、油、空气等。

工件退火通常是指采用随炉缓慢冷却到500 ℃以下出炉;正火为在空气中冷却至室温;淬火为工件在水、盐水或油中冷却;回火为工件在炉中保温后取出在空气中冷却,有时候为了避免回火脆性的发生也要求取出后在介质中快速冷却。

(2)基本组织的金相特征

碳钢经退火后可得到(近)平衡组织,淬火后则得到各种不平衡组织,实验2中已介绍。普通热处理除退火、淬火外还有正火和回火。这样,在研究钢热处理后的组织时,还要熟悉以下基本组织的金相特征(相应图谱见附录2)。

索氏体是铁素体与片状渗碳体的机械混合物。其片层分布比珠光体细密,在高倍(700×左右)显微镜下才能分辨出片层状。

托氏体也是铁素体与片状渗碳体的机械混合物。其片层分布比索氏体更细密,在一般光学显微镜下无法分辨,只能看到黑色组织如墨菊状。当其少量析出时,沿晶界分布呈黑色网状包围马氏体;当析出量较多时,则成大块黑色晶粒状,只有在电子显微镜下才能分辨其中的片层状。层片越细,则塑性变形的抗力越大,强度及硬度越高,另一方面,塑性及韧性则有所下降。

回火马氏体:片状马氏体经低温回火(150~250 ℃)后得到回火马氏体。它仍具有针状特征,由于有极小的碳化物析出使回火马氏体极易浸蚀,所以在光学显微镜下,颜色比淬火马氏体深。

回火托氏体:淬火钢在中温回火(350~500 ℃)后,得到回火托氏体组织。其金相特征是原来条状或片状马氏体的形态仍基本保持,第二相析出在其上。回火托氏体中的渗碳体颗粒很细小,以至在光学显微镜下难以分辨,用电镜观察时发现渗碳体已明显长大。

回火索氏体:淬火钢在高温回火(500~650 ℃)后得到回火索氏体组织。它的金相特征是铁素体基体上分布着颗粒状渗碳体。碳钢调质后回火索氏体中的铁素体已成等轴状,一般已没有针状形态。

必须指出：回火托氏体、回火索氏体是淬火马氏体回火时的产物，它的渗碳体是颗粒状的，且均匀地分布在 α 相基体上；而托氏体、索氏体是奥氏体过冷时直接转变形成，它的渗碳体是呈片层状。回火组织较淬火组织在相同硬度下具有较高的塑性及韧性。

(3)金相组织的数码图像

金相组织照片可提供材料内在质量的大量信息及数据，金相分析是材料科研、开发及生产中的重要分析手段。

传统金相显微组织照片都要经过胶片感光、冲洗、印制、烘干等过程才可获得，操作繁琐，制作周期长，并且需要一定的仪器、场地及大量耗材，所得仅为一张纸质照片，不便长期保存、相互交流。利用数字技术对传统光学金相显微镜进行改造和完善，既经济又实用，并且操作简便，省时省力，可在很短时间内直接打印出一份质量上乘的金相照片和试验报告，并能使大量资料储存、查询、上网及管理实现自动化、信息化。

IE200M 金相显微镜数字图像采集系统是在 IE200M 光学显微镜基础上，添加光学适配镜，通过 CCD 图像采集和数字化处理，提供计算机数码图像。整个系统构成如图 1－23 所示。

图像采集输出流程：IE200M 光学显微镜→光学适配镜→CCD 图像采集→图像数字化处理→USB 接口传输→计算机处理→显示器→打印输出。

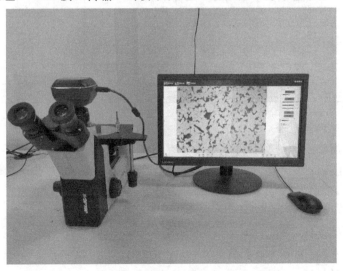

图 1－23　IE200M 金相显微镜数字图像采集系统

高像素图像数字采集系统影像总像素达 500 万，有效面积达 90 mm×70 mm 并与显微镜同倍，借助于计算机中强大功能的 Photoshop 软件、专业图像采集处理软件以及高分辨率专用照片打印机,影像真实、精细,可提供高品质的金相显微组织照片。

3. 实验内容

①进行 40 钢和 T12 钢试样正火、淬火、回火热处理,工艺规范见表1-7。

②用洛氏硬度计测定试样热处理试样前后的硬度。

③制备金相试样,观察并获取其显微组织图像。

④对照金相图谱,分析探讨本次试验可能得到的典型组织:片状珠光体、片状马氏体、板条状马氏体、回火马氏体、回火托氏体、回火索氏体等的金相特征。

表 1-7　综合实验方案

材料	编号	热处理工艺			硬度 HRC		最终组织
		加热温度/℃	冷却方法	回火温度/℃	处理前	处理后	
40	1	850	空冷				
	2	850	油冷				
	3	850	水冷				
	4	850	水冷	200			
	5	850	水冷	400			
	6	850	水冷	600			
	7	760	水冷				
T12	8	900	空冷				
	9	900	水冷				
	10	780	水冷				
	11	780	水冷	200			
	12	780	油冷				

4. 实验材料与设备

本实验所涉及到的实验材料及设备有:

①40 钢、T12 钢试样,尺寸分别为 $\varnothing 12\ mm \times 15\ mm$、$\varnothing 15\ mm \times 15\ mm$。

②砂纸、玻璃板、抛光机等金相制样设备。

③马福电炉。

④洛氏硬度计。

⑤淬火水槽、油槽各若干只。

⑥铁丝、钳子。

⑦金相显微镜及数码金相显微镜。

5. 实验流程

本综合实验为指导性综合实验,实验前应仔细阅读实验指导书(包括洛氏硬度计的原理、构造及操作),明确实验目的、内容、任务。实验以组为单位进行,每组12人,每人完成表1-7中一种热处理工艺。具体流程如下:

①按组每人选取材料、工艺,领取已编好号码的试样一块,绑好细铁丝环。

②全组人员由实验老师讲解洛氏硬度计的使用,观看硬度测定示范,并按顺序各人测定试样处理前硬度。

③按表1-7中规定条件进行试样热处理。

各试样处理所需的加热炉已预先由实验老师开好,注意各人选用合适的加热保温温度。首先观看一次实验老师进行的操作演示。

断电,打开炉门,将试样放入炉腔内加热。试样应尽量靠近炉中测温热电偶端点附近,以保证热电偶测出的温度尽量接近试样温度。

当试样加热到预设温度时,开始计算保温时间,保温到所需时间后,断电,开炉门,立即用钩子取出试样,出炉正火或淬火。淬火槽应尽量靠近炉门,操作要迅速,试样应完全浸入介质中,并搅动试样,否则有可能淬不硬。

特别安全提示:热处理过程中,放置和取出试样时,首先应切断电源,打开炉门操作时注意安全,不要被高温炉和试样烫伤。试样冷却过程中,在到达室温前,不要用裸手触摸。

④试样经处理后,必须用纱布磨去氧化皮,擦净,然后在洛氏硬度计上测硬度值。

⑤进行回火操作的同学,将正常淬火的试样,先测定硬度值,再按表1-7中所指定的温度回火,保温1 h,回火后再测硬度值。

⑥每位同学把自己测出的硬度数据填入原始记录表格中,记下本次试验的全部数据。

⑦制备试样,分析组织。各人制备并观察分析所处理样品的金相显微组织,在原始记录表中填上组织特征等。组织观察在普通显微镜上进行,并和附录中相应图谱对照分析,在具有数据采集功能的数码显微镜上采集图像,保存成电子文档并打印输出在相片打印纸上。

⑧小组讨论。安排一次讨论课,每个小组根据实验结果,结合课堂所学知识,围绕材料的成分、工艺、组织、性能关系,进行分析讨论。

6. 实验报告要求

以组为单位,撰写实验报告,要求:

①每位同学写一份自己所做实验的小报告,附原始记录。

②全组同学结果共享,结合课堂所学相关知识讨论后,共同撰写一份总报告,重点从加热温度、冷却方式和回火温度等因素对材料组织和性能的影响进行分析总结,并在课堂讨论课上进行汇报。

③将总报告和个人小报告汇总成一册上交,其中总报告一份为纸质打印报告,一份为电子版报告。

④对实验提出意见和建议。

7. 思考题

①为什么中碳钢一般要在完全奥氏体区加热后淬火,而高碳钢一般在两相区加热后淬火?

②回火索氏体与索氏体的区别是什么?

综　合　实　验
原始记录

学生姓名：＿＿＿＿＿　班级：＿＿＿＿＿　实验日期：＿＿＿＿＿　年　　月　　日

试样编号		材料名称		样品硬度（HRC）	处理前	淬火后	回火后
热处理工艺	加热温度/℃		冷却方法（打钩）			回火温度/℃	
			空冷	油冷	水冷		
最终组织照片							
显微镜型号			金相组织描述				
硬度计型号			放大倍数			浸蚀剂	

指导教师签名：＿＿＿＿＿＿

1.3　开放实验

激光加热表面淬火温度场仿真计算

1. 实验目的

①了解材料激光加热的基本原理与特点。

②学习 MSC. Marc 有限元用于激光加热温度场计算的方法。

③结合合金钢 C 曲线分析理解表面淬火热处理的作用。

2. 实验概述

(1)材料表面热处理与加热方式

钢铁热处理除常规的四把火外,还经常进行各种表面热处理使材料的表面和心部获得不同的性能以适应零件服役工况的要求。表面热处理分为表面淬火和化学热处理。其中,表面淬火是将工件表面快速加热到奥氏体区,在热量尚未传到心部时立即迅速冷却,使表面得到一定深度的淬硬层,而心部仍保持原始组织的一种局部淬火方法。

表面加热的方式有火焰加热、电弧加热、感应加热和包括激光、电子束、等离子束等高能束的加热。在高能束加热源中激光加热源使用较为普遍。以能量密度极高的激光作为热源,对金属表面进行加热后,由于加热面积集中且很小,金属零件自身作为冷池使其获得快速冷却,这种方式的热处理即为激光加热表面热处理,一般无需专门施加冷却。

无论哪种加热方式的表面热处理,零件材料的组织转变,取决于其温度场的变化。将零件任何一点的冷却曲线和材料组织转变的 C 曲线结合起来,就可以判断材料发生的组织转变情况。因而,激光加热后零件各处的温度场变化决定其组织分布,实测或计算其温度场对于激光加热表面热处理的效果预判具有重要的意义。

(2)激光热源及其模型

工程中加热热源种类很多,如喷枪火焰、电弧加热、感应加热、激光加热等。

对于仿真计算,需要给出热源数学物理模型。在经典的 Rosenthal 解析模式中,根据加热工件的厚度和尺寸形状,以及加热过程的热传导方式,加热源可被简化成点热源、线热源和面热源三种,如图 1-24 所示。

对于厚大焊件上的表面对焊,热的传播沿三个方向,可以把热源看成是一个点热源,其温度场的解析式为

$$T = \frac{2Q}{c\rho(4\pi\alpha t)^{3/2}}\exp(-\frac{D^2}{4\alpha t}) \tag{1}$$

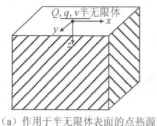
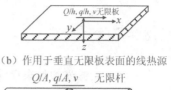

（a）作用于半无限体表面的点热源　　　（c）作用于垂直无限杆轴向的面热源

（b）作用于垂直无限板表面的线热源

图1-24　经典的 Rosenthal 热源形式

式中：Q 为热源在瞬时给焊接件的热能；α 为热扩散系数；D 为距点热源的距离，$D=(x^2+y^2+z^2)^{1/2}$。厚度为 h 的无限大薄板，可认为在厚度上没有温差，热的传播为两个方向，可把热源看成是沿厚板的一条线，即线热源，其温度场的解析式为

$$T=\frac{Q}{4\pi\alpha ht}\exp(-\frac{d^2}{4\alpha t}) \tag{2}$$

式中：d 为距线热源的距离，$d=(x^2+y^2)^{1/2}$。

细棒的对接和焊条的加热，其温度在细棒的截面上均匀分布，如同一个均温的小平面进行热传播，热源可以认为是面热源，其温度场的解析式为

$$T=\frac{2Q}{c\rho F(4\pi\alpha t)^{1/2}}\exp(-\frac{x^2}{4\alpha t}) \tag{3}$$

式中：F 为截面面积；x 为距热源距离。

这种以集中热源为基础的计算方法，假定热物性参数不变，不考虑相变与结晶潜热，对工件几何形状简单归为无限（无限大、无限长、无限薄），计算结果对远离加热热源的较低温度区域较准确，但对热源区的热影响区误差很大，而这部分正是和焊缝性能相关的关键部位。尽管如此，此模型由于计算方法简单，工程上仍得到广泛应用。

一般的电弧加热可采用高斯热源模型、半球状热源模型及椭球性热源模型等。

（1）高斯热源模型

电弧加热时，电弧热源把热能传给工件是通过一定的作用面积进行的，这个面积被称为加热斑点。加热斑点上热量分布是不均匀的，中心多而边缘少。加热斑点上热流分布可以近似地用高斯函数来描述，高斯分布的热流密度如图1-25所示。

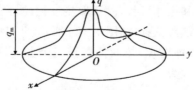

图1-25　高斯分布的热流密度示意图

距斑点中心任一点的热流密度解析式为

$$q(r) = q_m \exp\left(-\frac{3r^2}{R^2}\right) \tag{4}$$

式中：q_m 为加热斑点中心最大热流密度，$J/(m^2 \cdot s)$；R 为电弧有效加热半径，mm；r 为离电弧加热斑点中心的距离，mm。

移动热源的解析式：$q_m = \dfrac{3Q}{\pi R^2}$

(2)半球状热源模型

在电弧挺度较小，对熔池冲击力不大时，高斯分布的热源模型应用模式较准确。但对高能束的如激光热源和电子束加热，高斯分布函数没有考虑电弧的穿透作用，在这种情况下，提出了更为实际的半球状热源分布函数模式，其函数为

$$q(x,y,z) = \frac{6Q}{\pi\sqrt{\pi}R^2} \exp\left[-\frac{3}{R^2}(x^2+y^2+z^2)\right] \tag{5}$$

式中：q 为功率密度，W/m^3。

这种分布函数也有一定的局限性，在实践中，熔池在手工电弧加热和激光加热等情况下不是球对称的，为了改进这种模式，人们又提出了椭球形热源模式，其函数为

$$q(x,y,z) = \frac{6\sqrt{3}Q}{\pi\sqrt{\pi}abc} \exp\left[-3\left(\frac{x^2}{a^2}+\frac{y^2}{b^2}+\frac{z^2}{c^2}\right)\right] \tag{6}$$

式中：a、b、c 分别为椭球的半轴长。

在本项目中，采用更为精准的描述激光加热的热源模型，这是采用一个高斯状分布的面热源下面加上一个高斯旋转体热源构成，如图 1-26 所示。

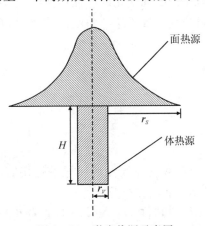

图 1-26　激光热源示意图

面热源的热流分布公式为

$$q_s(x,y) = \frac{\alpha Q_s}{\pi r_s^2}\exp\left[-\frac{\alpha(x^2+y^2)}{r_s^2}\right] \tag{7}$$

式中：α 为热流集中系数；Q_s 为面热源功率；r_s 为面热源半径。

体热源的热流分布公式为

$$q_v(x,y) = \frac{6Q_v(H-\beta h)}{\pi r_v^2 H^2(2-\beta)}\exp\left[-\frac{3(x^2+y^2)}{r_v^2}\right] \tag{8}$$

式中：β 为衰减系数；Q_v 为体热源功率；r_v 为体热源有效作用半径；H 为体热源有效作用深度。

激光热源的总功率为

$$Q_\eta = Q_S + Q_V \tag{9}$$

该模型在通过子程序实现时，要实现高斯面热源和高斯体热源的复合，同时要保证高斯面热源施加在相应的面单元上，高斯体热源施加在对应的体单元上。

（3）有限元 Marc 软件的温度场计算

自然界中的热交换现象无处不在，几乎所有的工程问题都在某种程度上与热有关。本案例中的表面热处理，更是和工件的加热冷却过程密切相关。根据传热问题类型和边界条件不同，可将热传导相关问题依据其与时间的相关性、线性和非线性、耦合与非耦合关系进行不同分类。

1）与时间相关性分类

与时间无关的稳态传热及与时间有关的瞬态传热。

2）线性与非线性分类

材料参数和边界条件不随时间变化的线性热传导；

材料参数和边界条件应对温度敏感的非线性传热（如有相变潜热释放、辐射、强迫对流）；

3）耦合与非耦合分类

单纯热传导分析；

热-力耦合分析；

热-流耦合分析；

流-热-固耦合分析。

Marc 软件作为一个处理高度非线性场问题的通用有限元软件，提供了广泛的热传导分析功能，支持上述各类传热分析。

常规的热传导分析具体流程：File→New→设定分析类型为热分析→网格生成→热边界条件→初始条件→材料性质→几何特性→加载历程→Job→设置单元类型→Run→结果后处理。

各部分的具体操作将结合案例进行。

1. 实验内容

自选一种合金钢材料,如18-8不锈钢或Al合金,查找Marc仿真计算所需的热物性数据,采用Marc软件对尺寸为500 mm×400 mm×20 mm厚的平板中间10 mm宽的区域进行激光扫描加热温度场的仿真计算,激光功率为1 kW,获取不同工艺条件下中心点的温度变化曲线,结合C曲线进行组织和硬度变化预测。

2. 实验仪器与材料

① Windows 10系统工作站。

②MSC.Marc有限元模拟软件(学生版)。

3. 实验流程

以18-8不锈钢板材激光加热后冷却的温度场仿真计算为例。对尺寸为200 mm×100 mm×4 mm(长×宽×厚)的18-8不锈钢板材上表面,沿长度方向在中心线上采用激光束加热,激光功率为1 kW。

打开MSC.Marc软件,建立一个新工程heatbylaser,设定分析类型为热分析。

(1)几何模型建立及单元网格划分

本例几何模型较为简单,建模和网格划分这里不再细致介绍,我们直接导入几何模型和划分后的网格。需要注意的是,为了保证所划分的网格能够很好地描绘出激光加热的特点,网格尺寸在保证计算量不过大的情况下应该尽可能地小。通过Marc载入的模型,如图1-27所示,在激光加热路径附近,网格划分很密集,远离路径处,网格较粗。

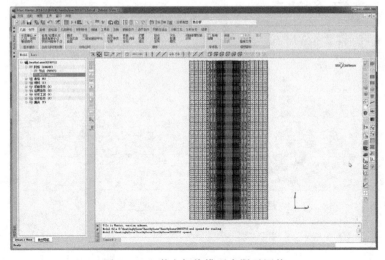

图1-27　激光加热模型有限元网格

（2）材料属性定义

热分析计算用到材料的参数主要是比热和热导率。在材料特性中分别定义如下。

①按图1-28所示进行热导率随温度变化定义。

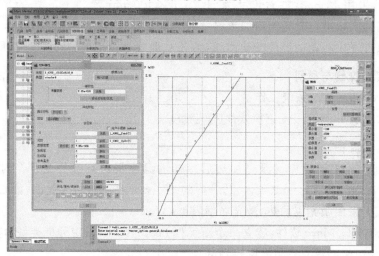

图1-28　定义热导率随温度变化

②按图1-29所示进行比热随温度变化定义。

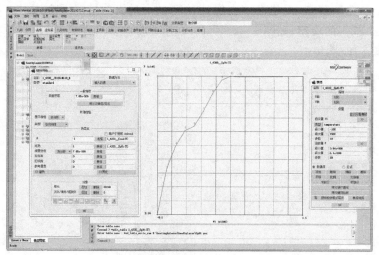

图1-29　定义比热随温度变化

（3）初始边界条件定义

加热前材料处于室温，在初始条件特性中定义如图1－30所示。

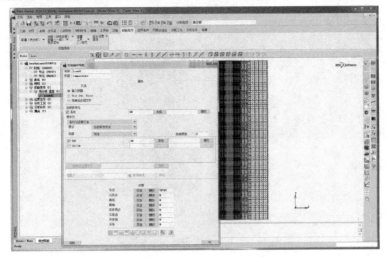

图1－30　定义初始温度

（4）热力学边界条件定义

由于激光热源模型采用高斯面热源加高斯体热源的复合热源形式，因此在边界条件定义使需要定义一个体热源和一个面热源，此外还要定义一个对流换热边界条件。边界条件定义如图1－31、1－32、1－33所示。

①按图1－31定义面分布热流。

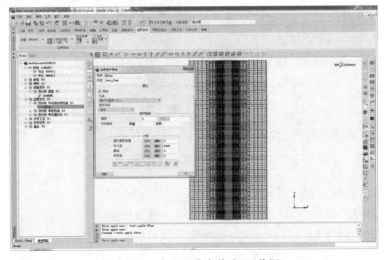

图1－31　定义面分布热流（面热源）

②按图1-32定义体积热流。

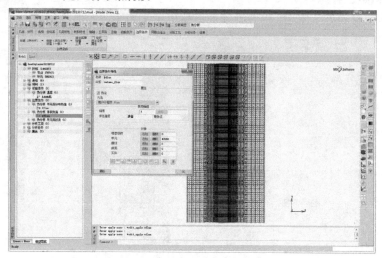

图1-32　定义体积热流(体热源)

③按图1-33定义表面散热。

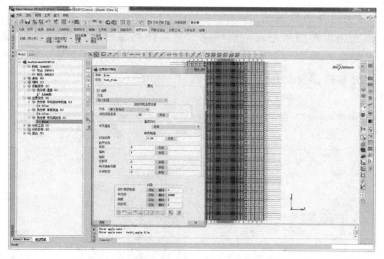

图1-33　定义表面散热

(5)激光热源子程序定义

激光复合热源是通过用户子程序定义的。源程序如下：

```
subroutine flux(f,temflu,mibody,time)
include 'D:\MSC.Software\Marc\2016.0.0\marc2016\common\implicit'
include 'D:\MSC.Software\Marc\2016.0.0\marc2016\common\bclabel'
```

```
      dimension f(2),mibody( * ),temflu( * )
c*  *  *  *  *  *
c
c user subroutine for non-uniform flux input.
c
c   f(1)        flux value (to be defined)
c   f(2)        derivative of flux with respect to temperature
c               (to be defined; optional, this might improve the
c               convergence behavior)
c
c   temflu(1)   estimated temperature
c   temflu(2)   previous volumetric flux
c   temflu(3)   temperature at beginning of increment
c   temflu(4,5,6)integration point coordinates
c   mibody(1)   element number
c   mibody(2)   flux type
c   mibody(3)   integration point number
c   mibody(4)   flux index
c   mibody(5)   not used
c   mibody(6)   =1 : heat transfer
c               =2 : joule
c               =3 : bearing
c               =4 : electrostatic
c               =5 : magnetostatic
c               =6 : acoustic
c   mibody(8)   layer number for heat transfer shells elements
c               and volume flux
c   time        time
c
c*  *  *  *  *  *
      real a,Qs,rs,pi,Qv,H,b,rv,Q,aa,x0,y0,z0
c   Qs 为面热源功率,a 为面热源能量集中系数,rs 为面热源作用范围
c   Qv 为体热源功率,H 为体热源深度,b 为体热源能量衰减系数,rv 为体热
源有效作用半径
```

```
c    Q为热源功率,aa为热源有效吸收系数,(x0,y0,z0)为当前热源中心位置
Q=1000000;aa=0.99;Qs=Q*aa*0.2;Qv=Q-Qs
a=0.3;rs=1.3
H=2.8;b=0.15;rv=0.6
x0=50;y0=1000/60*time;z0=4
pi=3.14


if (bcname.eq.'fflux') then
f(1)=(a*Qs/(pi*rs*rs))*exp(-1*a*((temflu(4)-x0)**2+
$ (temflu(5)-y0)**2)/(rs**2))
end if
if (bcname.eq.'vflux') then
f(1)=(6*Qv*(H-b*(z0-temflu(6)))/(pi*rv*rv*H*H*(2-b)))
$ *exp((-3)*sqrt((temflu(4)-x0)**2+
$ (temflu(5)-y0)**2)/(rv*rv))
end if
return
    End
```

上面的子程序中,为了保证子程序定义的面热源和与模型中的 fflux 对应,子程序中定义的体热源与模型中的 vflux 对应,需要在子程序中声明公共块 bclabel,这样模型中的边界条件名称(bcname)和工况名称(lcasename)就可以在子程序中直接调用了。

子程序中通过调用 time 来计算热源中心坐标中的 y0 值,热源的移动轨迹就确定了,因此本例中 Marc 程序无需通过焊接路径(也就是加热路径)的添加来确定热源的轨迹。如果需要对该矩形板一定范围面积加热,可通过修改这部分的轨迹方式来实现。在本例中仅通过一次加热来计算温度场,加热的激光热源功率为 1 kW。

(6)载荷工况定义

本例只进行一次激光加热的分析,时间 12 s,时间步的设置应该大致保证单位步长加热热源的移动距离与网格尺寸匹配即可,为每步 0.075 s,如图 1-34 所示。

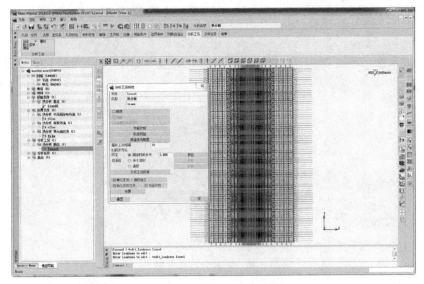

图 1-34 定义载荷工况

(7)工况分析任务定义与提交计算

1)初始载荷

初始载荷如图 1-35 所示,在分析任务特性中进行定义。

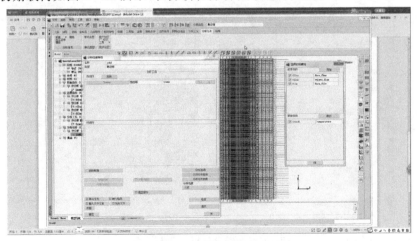

图 1-35 定义初始载荷

2)分析任务结果

在分析任务特性中,点选分析任务结果进行定义,如图 1-36 所示。

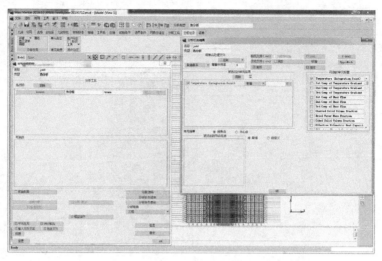

图 1-36　定义分析任务结果

3)任务提交及计算

在分析任务特性中选择提交,出现运行分析任务栏,开始计算,如图 1-37 所示,计算完成后,退出号显示"3004",计算正常结束。

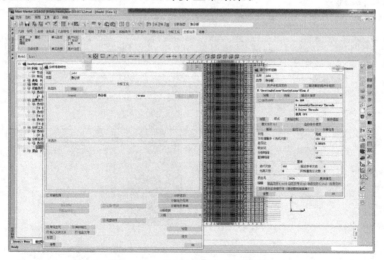

图 1-37　提交分析任务及计算

(8)计算结果分析

1)加热过程中工件温度场整体情况

在"结果"模块,打开模型图,显示计算结果,可查看不同时间的温度场。

计算开始时($t=0.0$ s)的温度场,如图 1-38 所示,(Inc=0),加热至 6.75 s,结果如

图 1-39、1-40 所示(Inc=90)，加热结束时温度场如图 1-41 所示(Inc=160)。

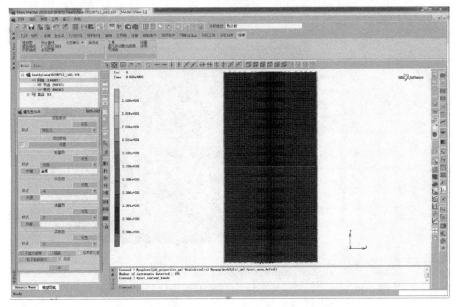

图 1-38　$t=0.0$ s，Inc=0 时的温度场仿真图

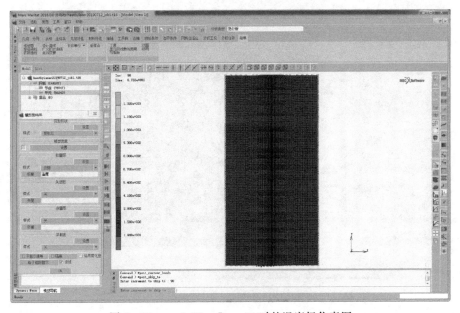

图 1-39　$t=6.75$ s，Inc=90 时的温度场仿真图

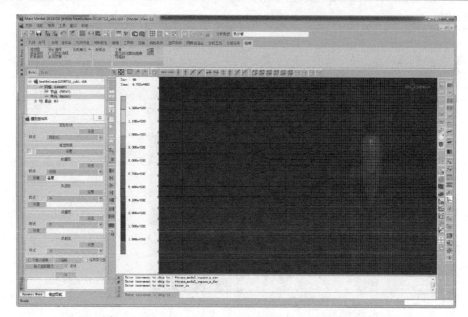

图 1-40 $t=6.75$ s,Inc=90 时的温度场局部放大图

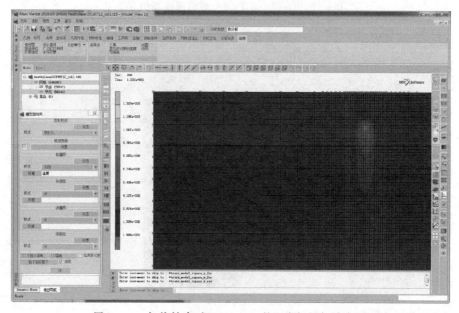

图 1-41 加热结束时(Inc=160)的温度场局部放大图

2)表面上 3 个不同位置点的温度变化曲线

在"结果"模块,点击"历程曲线"打开对话框,在"搜集数据"下,点击"设置位置",取以下 3 个位置:远离中心线的边上位置 node 39811,靠近中心线 node 1049,中心线上 node 10400,如图 1-42 所示,确定后,点击"所有增量步",开始搜集数据。

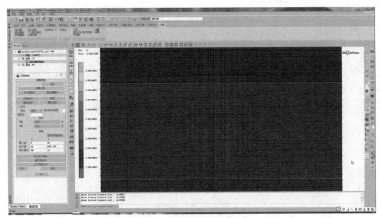

图 1-42　3 个位置点

点击"添加曲线",获得 3 点处的温度变化,如图 1-43 所示。

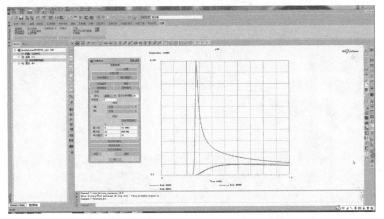

图 1-43　3 个位置点的温度曲线

中心线上一点处的温度变化剧烈,急升快降,具有表面加热淬火特点,偏离热源一定距离处温度升高有限,表明激光加热影响范围很小,而远离中心加热线处基本保持初始室温,不受影响。

4. 实验报告要求

①简述激光表面加热 Marc 模拟流程。

②分析工艺参数对加热温度场（激光表面淬火）的影响。

③选取激光加热工件上 2～3 个不同区域，根据温度曲线并结合工件材料的 C 曲线，分析可能发生的组织转变。

5. 思考题

①与普通热处理相比，表面热处理有什么特点？主要应用在哪些场合？

②激光加热特点有哪些？激光加热表面热处理一般为什么不需要对其进行如同感应加热表面热处理的水冷过程？

第二单元 定量金相技术

2.1 定量金相的基础知识

2.1.1 定量金相学的概念

由于材料的显微组织与其性能密切相关,描述显微组织的特征参数需要利用定量金相的方法来测量和计算。定量金相学的基础是体视学和数理统计。体视学是一种由二维图像外推到三维空间或用三维知识解释平面图像的一门科学,定量金相学是体视学在金相学上的应用。根据体视学理论,利用点、线、面和体积来定量表示组织特征,要用统计的方法,在足够多的视场测量多次,才能保证结果的准确性。

定量金相学的基本公式如下:

$$V_V = A_A = L_L = P_P \tag{1}$$

$$S_V = (4/\pi)L_A = 2P_L \tag{2}$$

$$L_V = 2P_A \tag{3}$$

$$P_V = \frac{1}{2}L_V S_V = 2P_A P_L \tag{4}$$

式中:P 为点数;N 为物体数;A 为平面面积;S 为曲面面积;V 为体积;L 为线段长度。

P_P,L_A,S_V 等,表示各参数的分数量,其中大字母表示某种参数,下标字母表示测试量。某参数的平均值在相应的符号上加一横线。下标为 V 的参数均为计算参数,它们只能由某些方程式计数参数或测量参数计算出。其余参数为计算参数或测量参数,可以通过计数或测量直接得出,见表 2-1。

表 2-1 定量金相的基本符号和定义

符号	量纲	定义
P_P	—	点分数,测试总点数与落入某相的点数比
P_L	1/mm	单位长度测试线的交点数
P_A	1/mm²	单位测试面积中的点数

符号	量纲	定义
P_V	$1/mm^3$	单位测试体积中的点数
L_L	mm/mm	线段分数
L_A	$1/mm$	单位测试面积中的线段长数
L_V	mm/mm^2	单位测试体积中的线段长数
A_A	mm/mm^3	面积分数
S_V	mm^2/mm^2	单位测试体积中的曲面积
V_V	mm^3/mm^3	单位测试体积中某相的体积
N_L	$1/mm$	单位测试线与某相相交的点分数
N_A	$1/mm^2$	单位测试面积中某相数量
N_V	$1/mm^3$	单位测试体积中某相数量
$\overline{L}$	mm	平均线截距长度
$\overline{A}$	mm^2	平均截面积
$\overline{S}$	mm^2	平均曲面积
$\overline{V}$	mm^3	平均体积

2.1.2　数理统计的概念

　　由于材料的显微组织一般情况下是不均匀的,因此需要用统计的方法,在足够多的视场上进行多次测量,才能保证结果的相对准确性。因此需要评定测量的精确度和说明所测对象在某一置信度下的真值范围,这些即为数理统计的内容。

　　测量误差计算公式如下。

　　(1)算术平均值

$$\overline{x} = \frac{x_1 + x_2 + x_3 + \cdots + x_n}{n} = \frac{1}{n}\sum_{i=1}^{n} x_i \tag{5}$$

　　(2)标准偏差(均方误差)σ

当测量次数有限时:$\sigma = \sqrt{\dfrac{\sum\limits_{i=1}^{n}(x_i - \overline{x})^2}{n-1}}$ 　　　　　　　(6)

当测量次数无限时:$\sigma = \lim\limits_{n\to\infty} \sqrt{\dfrac{\sum\limits_{i=1}^{n}(x_i - \overline{x})^2}{n}}$ 　　　　(7)

σ 值越大,表示数据波动越大,它是数据分散性大小的标志。

（3）正态分布

一般金相测量的数据分布曲线满足 $Y_x = \dfrac{1}{\sqrt{2\pi}\sigma}\exp\left(\dfrac{-(x-\bar{x})}{2\sigma^2}\right)^2$，称正态分布。$Y_x$ 表示概率密度。

当 $X = \bar{x}$ 时，$Y = \dfrac{1}{\sqrt{2\pi}\sigma}$ 为最大值，即数据在平均值处出现概率最大。

当 X 离开 $\bar{x}$ 越远时，Y 值越小。

（4）绝对误差 ε

绝对误差 ε 是平均值 $\bar{x}$ 与真值 x 之差，由式 $\varepsilon = K\sigma$ 确定。其中置信度 K 是与概率 P 有关的系数，如表 2-2 所示。

表 2-2　K 与 P 值的对应关系

K	0	0.67	1.00	1.15	1.96	2.00	2.58
P	0	0.50	0.68	0.75	0.95	0.96	0.99

根据数理统计理论，测量值落在 $\pm 2\sigma$ 的概率为 95%，$K = 1.96$。一般计算出测量平均值 K，再求出标准误差，取 $\pm 2\sigma$，则相应的绝对统计误差 ε 取 $\pm 2\varepsilon$。例如要求测量精度为 0.5 时，求出绝对误差 ε 取 $\pm 2\varepsilon$，若 $|(-2\varepsilon)-\varepsilon| \leqslant 0.5$，$|2\varepsilon - \varepsilon| \leqslant 0.5$，则符合精度要求。否则，不满足要求，需要增加测量次数。

（5）误差系数 CV

$$CV = \frac{\sigma}{\bar{x}} \tag{8}$$

当 σ 相同时，绝对偏差随测量值的不同而变化。误差系数 CV 表示统计变量相对波动的大小。

2.1.3　定量分析常用的测量方法

（1）比较法

比较法是把被测相与标准级别图进行比较，最接近的定为被测相的级别，如常用于晶粒度、碳化物等的测量此法虽然简单，但误差较大。

（2）计点法

计点法是用一套不同网格间距的网格，一般为 3×3、4×4、5×5 的网格，在样品图像上选择一定的区域，求落在某个相上的测试点数 P 和测量总点数 P_T 之比，落在网格测试点上的算一个，和测试点相切的算半个。

计点法应选用合适的网络，使落在被测相面积内的点数不大于 1，网络中线的间距大小与被测相相近。一般应至少测量 5～10 个视场。

（3）截线法

截线法是用一定长度的刻度尺或测试线来测试单位测试线上的点数 P_L，单位长度的测试线上的物体个数 N_L 及单位测试线上第二相上所占的线长 L_L，也可用不同半径的圆组，如三个间距相等的同心圆（总周长为 500 mm，相应的周长为 250 mm、166.7 mm、83.3 mm）；或平行线组或一定角度间隔的径向线组，把网格落在要测的组织上，测试测定线与被测相的交点数，求出单位测试线上被测相的点数。

（4）截面法

截面法是用有刻度的网格来测量单位面积上的交点数 P_A 或单位测量面积上的物体个数 N_A，也可测量单位测试面积上被测相所占的面积百分比 A_A。

（5）联合测量法

联合测量法是将计点法和截线法结合起来进行测量。常用来测定单位测试线上的点数 P_L 和点分数 P_P，由定量分析方程可求出表面积和体积的比值，$S_V/V_V = 2P_L/P_P$。

2.1.4　数字图像及其处理技术

（1）金相组织分析与数字图像

在材料研究领域，显微组织分析是一个基本的和常用的手段。材料的性能取决于其内部的显微组织结构，通过改变材料成分、加工工艺使得材料的显微组织改变，从而可以获得不同的性能。材料成分、加工工艺和性能之间的内在关系在于对其显微组织的认识和分析理解。获取材料的显微组织是研究材料的经常性工作。除本课程介绍的金相技术可以获得微米和亚微米尺度的组织外，现代分析手段包括扫描电镜、透射电镜、原子力显微镜、隧道扫描电镜、超高电压透射电镜等先进的设备，可以获得纳米尺度到原子团簇等更为深入的材料内部组织细节。无论是一般的金相分析还是现代的电子分析手段，对于显微组织分析而言，都是首先获得一张组织图像照片，然后进行定性或定量的特征分析。

在数字图像处理技术普及以前，显微组织的分析中获得的照片是通过照相机先获取一张曝光合适、组织细节清晰的底片，然后进行底片冲洗、放大印像，最终得到一张印在相纸上的图像照片。这种通过照相底片冲洗印制所得的照片，获取过程繁琐、不便长期保存、也不方便进行交流。现在数码相机技术成熟并普遍应用，获取数码照片已很容易，在金相显微镜和电子显微镜上配接数码图像采集系统，金相显微组织图像照片可以直接以数码图像方式采集存储起来，即使以前的普通照相所得照片也可通过高分辨率的扫描仪使其数字化，保存在计算机中，以供进一步分析使用。图像数字化技术的成熟与普及为金相组织的计算机分析创造了条件。

(2)图像与数字图像

视觉是我们人类从自然界中获取信息的最主要手段。图像则是观测客观世界获得的作用于人眼产生的视觉实体。它代表了客观世界中某一物体的生动的图形表达,包含了描述其所代表物体的信息。例如,一张图书馆大楼的照片就包含了我们人眼所看到的真实大楼的全部形象化信息,它的外形、构成、颜色、尺寸等。就我们的材料研究而言,图像是指由各种材料表征手段(如光学和电子显微镜、光谱、能谱等)所获得的有关材料结构的各种影像。

图像就是单个或一组对象的直观表示。图像处理就是对图像中包含的信息进行处理,使它具有更多的用途。一般光学图像、照相图像(照片)、离散点阵图像都属于连续的模拟图像,不能直接适用于计算机处理。可供计算机处理的图像是所谓的数字图像。数字图像是将连续的模拟图像经过离散化处理后得到的计算机能够辨别的点阵图像。严格讲,数字图像是经过等距离矩形网格采样,对幅度进行等间隔量化的二维函数,因此,数字图像实际上就是被量化的二维采样数组。

通常,一幅数字图像都是由若干个数据点组成的,每个数据点称为像素(pixel)。比如一幅图像的大小为 256×512,就是指该图像是由水平方向上 256 列像素和垂直方向上 512 行像素组成的矩形图。每一个像素具有自己的属性,如灰度和颜色等。颜色和灰度是决定一幅图像表现能力的关键因素。其中,灰度是单色图像中像素亮度的表征,量化等级越高,表现力越强,一般常用 256 级。同样,颜色量化等级包括单色、四色、16 色、256 色、24 位真彩色等,量化等级越高,则量化误差越小,图像的颜色表现力越强。当然,随着量化等级的提高,图像的数据量剧增,导致图像处理的计算量和复杂程度相应增加。

数字化图像按记录方式分为矢量图像和位图图像。矢量图像用数学的矢量方式来记录图像,以线条和色块为主。其记录文件所占的容量较小,比如一条线段的数据只需要记录两个端点的坐标、线段的粗细和色彩等,数据量小。这种图像很容易进行放大、缩小及旋转等操作,不失真,可制作 3D 图像。但其缺点是不易制成色调丰富或色彩变化很多的图像,绘制出来的图形不很逼真,无法像照片一样精确地描绘自然景象,因此在材料的金相组织中一般不采用这种矢量图像来记录,更多的是采用位图图像来记录。位图方式就是将图像的每一个像素点转换为一个数据,如果以 8 位来记录,便可以表现出 256 种颜色或色调($2^8 = 256$),因此使用的位元素越多所能表现出的色彩也越多。因而位图图像能够制作出色彩和色调变化丰富的图像,可以逼真地表现自然景色图像。通常我们使用的颜色有 16 色、256 色、增强 16 位和真彩色 24 位。这种位图图像记录文件较大,对计算机的内存和硬盘空间容量需求较高。

对于数字图像,除了像素和位这两个常用的术语外,还有分辨率这一概念。

一幅数字图像是由一组像素点以矩阵的方式排列而成,像素点的大小直接与图形的分辨率有关。图像的分辨率越高,像素点越小,图像就越清晰。一个图像输入设备(如扫描仪、数码摄像头等)的分辨率高低常用每英寸的像素值来表示,即 PPI(Pixel Per Inch),它决定了图像的根本质量,反映了图像中信息量的大小。如一幅 1024×768 图像的质量远高于 254×512,当然它们所包含的信息量也相差甚大。而对于图像输出设备(如打印机、绘图仪等)的分辨率则用每英寸上的像素点 DPI(Dot Per Inch)来表示,这一数值越高,对于同一图像输出效果越好。但是,图像的根本质量取决于采集输入时所用设备的分辨率大小,一幅本质粗糙的图像,不会因为使用一台高 DPI 的输出设备而变得细腻。除输出打印外,计算机处理图像还主要通过屏幕显示来观察效果,计算机屏幕的分辨率是指显示器上最大可实现的像素数的集合,通常用水平和垂直方向的像素点来表示,如 1024×600 等,显示器的像素点越多,分辨率越高,显示的图像也越细腻。

　　对于金相组织图像现在一般采用高分辨率的数码摄像头获取,其像素值达上千万,图像品质几乎可达到眼睛在目镜中所观察到的效果。在采用数码金相显微镜获取的图像保存于计算机后,图像中的组织组成物的大小可根据图像的大小和放大倍数来进行标定,但最好是在摄取时就根据放大倍数,带上标尺标注在图像中。计算机中保存的图像文件,在操作系统下可通过在图像文件上单击右键获取属性来查看图像的分辨率和大小,如图 2-1 所示。这是一幅 T12 钢淬火后低温回火的组织照片,采用数码金相显微镜获取,物镜放大倍数 40×/0.65,CCD 为13 mm(1/2 in.)的 800×600 感光器,当照相目镜不再放大时,其拍摄的视场为试样上的 0.254 mm×0.191 mm 区域(当照相目镜再放大时,则实际视场按照相目镜放大倍数再缩小)。图片用 T12 文件名以 bmp 格式保存。查看文件的属性可看到,该图像原始大小为 800×600 像素,代表在 500× 下所看到的图像 127 mm×95.5 mm。

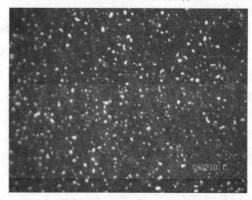

图 2-1　T12 钢淬火后低温回火组织数码照片

　　计算机采集的图片文件一般要在 Word 文档中进行处理使用。对于不同的照相目镜放大倍率，CCD 拍摄到的大小始终是 $0.4' \times 0.3' = 10.16\ cm \times 7.62\ cm$。以 800×600 像素在计算机显示器上显示才和 CCD 拍摄的一致。显示器采用其他分辨率时，相当于按照一定的比率对其缩放。将计算机以 800×600 像素分辨率采集的图像保存后，代表着实际感光器上 $10.16\ cm \times 7.62\ cm$ 大小的图像，因此在 Word 中使用时，应当将 800×600 像素的图片尺寸定为 $10.16\ cm \times 7.62\ cm$ 大小，方可和在实际显微镜下的放大倍率一致。

　　与模拟图像相比，数字图像具有精度高，处理方便和重复性好的优势。目前的计算机技术可以将一幅模拟图像数字化为任意的二维数组，也就是说，数字图像可以有无限个像素组成，其精度使数字图像与彩色照片的效果相差无几。而数字图像在本质上是一组数据，所以可以使用计算机对其进行任意方式的处理，如放大、缩小、复制、删除某一部分，提取特征等，处理功能多而且方便。数字图像以数据的方式可以储存起来，不似模拟图像如照片，会随时间流逝而退色变质，数字图像在保存和交流过程中，重复性好。

　　(3)数字图像的处理技术及软件介绍

　　数字图像处理就是用计算机进行的一种独特的图像处理方法。对于数字图像根据特定的目的，可采用计算机通过一系列的特定操作来"改造"图像。

　　常见的数字图像处理技术有图像变换、图像增强与复原和图像压缩与编码，这些操作技术主要针对图像的存储和质量要求而处理。当然，一般的数字图像很难为人所理解，需要将数字图像从一组离散数据还原为一幅可见的图像，这一过程就是图像显示技术。对于数字图像及其处理效果的评价分析，图像显示技术是必需的。

　　对材料的组织分析而言，更多的还会用到所谓的图像分割技术和图像分析技术。它们是将图像中有意义的特征（即研究所关心的特征组织）提取出来，并进行量化描述和解释。图像分割是数字图像处理中的关键技术，它是进一步进行图像识别、分析和理解的基础。图像有意义的特征主要包括图像的边缘、区域等。

　　此外还有图像的识别、图像隐藏等技术。不同的图像处理技术应用于不同的领域，发展出许多不同的分支学科。

　　对于上述的图像处理功能，许多通用软件和专业软件都可实现。常用的图像处理专业软件 Photoshop 就具有强大的图像处理功能，如路径、通道、滤镜、增强、锐化、二值化等。对于材料研究中图像处理常常进行的材料聚集结构单元的测量，可利用这一软件中的图像二值化来分离出目标颗粒，并消除背景干扰，如图 2-1 中的白色渗碳体，可利用这一软件通过二值化进行图像分离提取后，如图 2-2 所示，再进行统计分析。这一软件对于材料研究图像处理而言，可作为辅助工具使用。

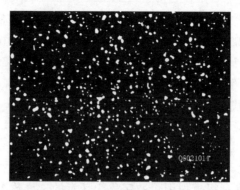

图2-2　采用Photoshop二值化处理后的T12组织照片

　　除常用的Photoshop软件外,较为专业的MatLab软件中的图像处理工具箱在图像的处理与分析方面,特别是在图像的分割、特征提取和形态运算方面具有强大的功能,许多专业图像分析软件都是在MatLab图像处理工具基础上开发的。

　　MatLab是世界流行的高级科学计算与数学处理软件,其本意是矩阵实验室(Matrix Laboratory),是一种以矩阵为基本变量单元的可视化程序设计语言,是进行数据分析与算法开发的集成开发环境。在时间序列分析、系统仿真、控制论以及图像信号处理等产生大量矩阵及其他计算问题的领域,MatLab为人们提供了一个方便的数值计算平台,得到了广泛的应用。

　　MatLab又是一个交互式的系统,具备图形用户界面(GUI)工具,用户可以将其作为一个应用开发工具来使用。除基本部分外,根据各专门领域中的特殊需要,MatLab还提供了许多可选的工具箱,这些工具箱由各领域的专家编写例程,代表了该领域的最先进的算法。MatLab的图像处理工具箱就是为图像处理工程师、科学家和研究人员提供的直观可靠的一体化开发工具。利用这一图像处理工具箱可完成以下工作:

　　①图像采集与导出;

　　②图像的分析与增强;

　　③高层次图像处理;

　　④数据可视化;

　　⑤算法开发与发布。

　　对于金相组织分析工作,MatLab的图像处理工具箱提供的大量函数用于采集图像和视频信号,并支持多种的图像数据格式,如jpeg、tiff、avi等。尤为重要的是,该工具箱提供了大量的图像处理函数,利用这些函数,可以方便地分析图像数据,获取图像细节信息,进行图像的操作与变换。该工具箱中还提供了边缘检测的各种算法和众多的形态学函数,便于对灰度图像和二值图像进行处理,可以快速实现边缘监测、图像去噪、骨架抽取和粒度测定等算法,为金相组织的特征提取与分析提供了多种强有力的手段,成为各种专业图像处理软件的编程基础。

2.2　课内实验

实验5　晶粒度样品的显示方法与晶粒度测定

1. 实验目的
①学习奥氏体晶粒度的样品制备方法。
②熟悉奥氏体晶粒度的测定方法。
③掌握晶粒度的评级方法。

2. 实验概述
晶粒度是影响材料性能的重要指标,是评定材料内在质量的主要依据之一。对工程中的钢铁材料,在热处理加热和保温过程中获得奥氏体,其晶粒的大小影响着随后的冷却组织粗细。对奥氏体晶粒度的概念有以下几种,起始晶粒度、本质晶粒度和实际晶粒度。起始晶粒度是指钢刚完成奥氏体化后的晶粒度,而实际晶粒度是指供应状态的材料和实际中使用的零部件所具有某种热处理条件下的奥氏体晶粒度。而本质晶粒度是指将钢加热到一定的温度下并保温足够的时间后具有的晶粒度,表示奥氏体晶粒长大和粗化的倾向。

(1)晶粒度级别概念

晶粒度是晶粒大小的度量,通常是用晶粒度级别指数 G 表示。根据美国材料与试验学会标准(ASTM)ASTM E112-2013"平均晶粒度测定的标准试验方法",晶粒度级别指数 G 是通过在 100 倍下,每平方英寸(645.16 mm²)内所包含的晶粒数 n 来计算,n 与晶粒度级别指数 G 的关系为

$$n=2^{G-1} \tag{9}$$
$$G=\lg n/\lg 2\ +1 \tag{10}$$

(2)奥氏体晶粒度的显示方法

显示奥氏体晶粒度的方法有渗碳法、氧化法、网状铁素体法、网状珠光体法和网状渗碳体法等。

1)渗碳法

渗碳法就是利用渗碳处理的方法,提高表层的含碳量,获得过共析成分,渗碳后缓慢冷却,使渗碳体沿奥氏体晶界析出,显示剂常采用 2%~4%硝酸酒精溶液或 5%苦味酸酒精溶液等。此法主要用于渗碳钢或含碳量小于或等于 0.6%的钢种。

2)氧化法

氧化法是利用奥氏体易氧化而形成氧化物来测定奥氏体晶粒的大小。有气氛氧化法和熔盐氧化法。常用的是气氛氧化法,适应各钢种,特别是中碳钢和中碳合金钢。

3)网状铁素体法

网状铁素体法主要适应 0.25%～0.6%的碳素钢和中碳调质碳素钢,显示剂常采用 2%～4%硝酸酒精溶液或 5%苦味酸酒精溶液等。

4)网状渗碳体法

网状渗碳体法适应于含碳量高于 1.0%的过共析钢,样品在(820±10)℃下加热,至少保温 30 min,随炉缓冷,以便在晶界析出网状渗碳体。腐蚀剂同上。

5)网状珠光体

网状珠光体即网状托氏体法,适用于其他方法不易显示的碳素钢和低合金钢,如共析成分附近的某些钢种,用尺寸适合的材料进行不完全淬火,方法是将加热后的样品一端淬入水中冷却,在不完全淬硬的小区域原奥氏体晶界有少量托氏体析出以便显示出原奥氏体晶界形貌,腐蚀剂同上。

6)特殊化学试剂腐蚀法

特殊化学试剂腐蚀法有直接腐蚀晶界法和马氏体腐蚀法。

直接腐蚀法适应于合金化高的能直接淬硬的钢,如高淬透性的铬镍钼钢等。直接腐蚀法将样品加热到(900±10)℃,保温 1 h 淬火,得到马氏体或贝氏体,有的钢种还需要一定温度的回火,制成金相样品。用有强烈腐蚀性的试剂腐蚀,直接显示原奥氏体晶界。腐蚀剂为含 0.5%～1%烷基苯磺酸钠的 100 ml 的饱和苦味酸水溶液,或含 0.1%～0.15%十二醇硫酸钠的 100 ml 的饱和苦味酸水溶液,温度为 20～70 ℃,时间为 0.5～30 min。

马氏体腐蚀法适应于淬火得到的马氏体钢,对粗大的奥氏体晶粒效果较好,而细晶、有带状及树枝状偏析的影响测定。将样品加热到 930 ℃保温 3 h 淬火得到的马氏体,再进行 150～250 ℃的 15 min 的回火,以增加衬度。腐蚀剂为 1 g 苦味酸＋5 ml 的盐酸＋100 ml 的酒精,或 1 g 氯化铁＋1.5 ml 盐酸＋100 ml 的酒精,是使各晶粒显示不同层次的深浅来显示奥氏体晶粒大小。

（3）实际晶粒显示方法

在交货状态的钢材或零件上取样,不需进行热处理,取样后制备,用合适的腐蚀剂腐蚀,以显示晶粒,但由于钢种、化学成分及状态不同效果不同,应由实验确定得出合适的腐蚀剂等条件。

1)结构钢和调质钢

适应结构钢淬火和调质钢的原奥氏体晶界的腐蚀剂:饱和苦味酸水溶液或饱和苦味酸水溶液＋少量的新洁尔灭(或洗净剂)。

2)多数钢种

适应大多数钢种淬火回火态的原奥氏体晶界的腐蚀剂:饱和苦味酸水溶液＋10 ml的新洁尔灭(或洗净剂)＋0.1 ml盐酸(或硝酸等)。

(4)晶粒度的测量方法

奥氏体晶粒度测量的常用方法有比较法、计点法,截线法、截面法等。随着科学技术的发展和进步,测量手段不断提高,常用数码显微镜与图像分析软件或自动图像分析仪完成测量。

1)比较法

比较法是通过与标准评级图对比来评定级别,方法是将制备好的金相试样在100倍的显微镜下,全面观察,选择有代表性的视场与标准评级图比较,当它们之间的大小相同或接近时,即样品上的级别就是标准评级图的级别。若晶粒大小不均匀时,用占90％以上的视场为评定的级别,否则要用不同的级别来表示。

当要评定的晶粒大小与标准评级图在100倍下不一致时,可以选用合适的放大倍数进行评定,这时晶粒度级别指数如下。

当所使用的放大倍数大于100时:$G_1 = G + M_1/100$ (11)

当所使用的放大倍数小于100时:$G_1 = G - 100/M_1$ (12)

M_1为实际所使用的其他放大倍数;G为在M_1的放大倍数下,相当于100倍下评定图的晶粒度级别;G_1为其他放大倍数下的评定级别。

另外,标准评级图所使用的其他放大倍数与相应的标准放大倍数显微晶粒度级别指数见表2-3。此表也适应于其他放大倍数晶粒度级别的查出。例如,在200倍下对照标准图达2级,其换算成标准级别为4级。

表 2-3 不同放大倍数晶粒度级别的对照

放大倍数	级别									
	1	2	3	4	5	6	7	8	9	10
50	−1	0	1	2	3	4	5	6	7	8
100	1	2	3	4	5	6	7	8	9	10
200	3	4	5	6	7	8	9	10	11	12
400	5	6	7	8	9	10	11	12	13	14
800	7	8	9	10	11	12	13	14	15	16

比较法简便迅速,误差较大,可将待测的晶粒与所选用的标准评级图投到同一投影屏上进行比较,以提高精度。

放大100倍的标准评级图如图2-3、2-4所示。

*注意100倍的标准评级图的图像实际尺寸高60 mm、宽50 mm。

钢的晶粒度标准级别分为8级或8级以上,1～4级属粗晶粒,5～8级为细晶粒,8级以上为超细晶粒。

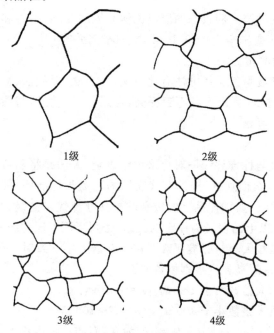

图 2-3　晶粒度评级标准图 1～4 级 100×

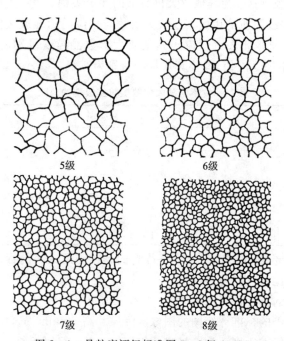

图 2-4　晶粒度评级标准图 5～8 级 100×

2)截线法

晶粒度级别按晶粒的平均截线长度来进行计算。晶粒平均截线长度是指在截面上任意测试直线穿过每个晶粒长度的平均值,适用于测量形状不规则的晶粒的直径或第二相的尺寸。

如图 2-5 所示,用已知长度的测试线,其总长为 L_T,在放大 M 倍的图像上或照片上,任意截取,其上晶粒的总数为 N,或截线与晶粒的交点数为 P,晶粒的平均截线长度 $L = L_T/NM = L_T/PM$。

测试线的交点位于晶界时计为 0.5,位于三叉晶界时计 1.5 个,为保证精度,单次测量的交点数至少应为 50 个,测量 5 次以上。

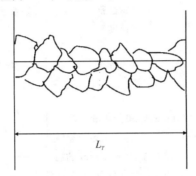

L_T

图 2-5 截线法测晶粒平均截线长度

若测量算出晶粒的平均直径后,可根据该值查表 2-4,获得相应的晶粒度级别 G。

表 2-4 晶粒度级别 G 与晶粒平均直径的对应值

晶粒度级别 G	1	2	3	4	5	6	7	8	9	10
平均截线长度/μm	226.0	160.0	113.0	80.0	56.6	40.0	28.3	20.0	14.1	10.0

也可以直接计算晶粒度级别。在放大 100 倍下,当晶粒的平均截线长度为 32 mm时,晶粒度 G 等于零。不同截线长度的晶粒度级别按下式计算

$$G = 2\log_2 \frac{L}{L_1}$$ (13)

因 $L = 32$ mm, $\log_2 32 = 5$,所以 $G = 10.0000 - 6.6439\lg L_1$。

当放大倍数为 1 时,晶粒度级别按式 $G = -3.2877 - 6.6439\lg L_1$ 计算。

3)面积法

测定方法是将已知面积 A 的圆形测试网络位于测定晶粒的图像上,选用合适的放大倍数 M,使视场内至少能获得 50 个晶粒,统计完全落在网格内的晶粒数 N_1 和网线截割的晶粒数 N_2,计算出该面积内的晶粒数 N 和每平方毫米内的晶粒

数 N_A。

$$N=N_1+1/2N_2, N_A=NM^2/A \quad (14)$$

常用 5000 mm² 的测试网络进行测定,这时

$$N_A=0.002NM^2 \quad (15)$$

晶粒度等级 $G=-2.9542+3.3219\lg N_A$。

3. 实验内容

参考表 2-5 的条件制备金相试样。

表 2-5　材料热处理状态与样品晶粒度显示参考条件

钢号	处理状态	参考腐蚀剂 (晶粒度)	参考温度/ 时间	实际温度/时间	组织腐蚀状况
工业纯铁/20钢	退火	4%硝酸酒精	室温/数秒		
40Cr	850℃淬水/油	100 ml 的饱和苦味酸水溶液+适量洗净剂或1 g 苦味酸+5 ml 的盐酸+100 ml 的酒精。或1 g 氯化铁+1~5 ml 盐酸+100 ml 的酒精	70℃/2~10 min		
T12	退火		70℃/~20 s		
W18Cr4V	淬火	5%~10%硝酸酒精	室温/2~10 min		

①制备金相样品;

②显示出要测量样品的晶界或晶粒反差;

③拍照组织,注意放大倍数;

④用比较法测量晶粒度。

4. 实验仪器与材料

(1) 实验材料

工业纯铁、20 钢、40Cr、T12、W18Cr4V 钢不同热处理状态试样若干。

砂纸、玻璃板、抛光机、腐蚀剂、竹夹子等金相制样材料。

(2) 实验仪器

抛光机、吹风机、金相显微镜及数码金相显微镜等。

5. 实验流程

①先按表 2-5 中的配方配制好腐蚀剂，盖上盖子，放置到安全处待用。

②参考表 2-5 制备好金相样品，显示出奥氏体晶界。可重复抛光腐蚀 2～3 次或 3～5 次。也可适当改变腐蚀剂成分或时间、温度等。

③样品制备效果比较理想时，画出或拍照自制样品的组织，将腐蚀剂、温度、时间、注意事项、腐蚀结果等注明在所画的组织示意图像下方，再注明到表 2-4 中。

④用比较法进行测量。不同放大倍数晶粒度级别的对照换算见表 2-3。

6. 实验报告要求

①每位同学写出自做实验的报告；

②拍照自制样品的组织图，将样品及腐蚀条件注明；

③用比较法进行测量，注意放大倍数换算等；

④同学之间结果可以共享，用于分析讨论。

7. 思考题

①举例说明钢的本质晶粒度有何实际用途；

②结合本次实验采用的晶粒显示技术，你认为还有什么改进之处？

实验 6　金相定量分析与金相样品组织的特殊显示

1. 实验目的

①学习用图像处理技术分析组织组成物的相对含量；

②熟悉碳化物的定量分析和球墨铸铁的定量分析方法；

③熟悉金相样品组织的特殊显示方法。

2. 实验概述

由于材料的显微组织与其性能密切相关，描述显微组织的特征参数需要利用定量金相的方法来测量和计算。定量金相学的基础是体视学和数理统计。从二维图像推断三维图像，利用点、线、面和体积来定量表示组织特征，要用统计的方法，在足够多的视场测量多次，才能保证结果的准确性。由于人工测量费时、误差大，因此可采用自动图像分析仪用于定量分析，它能够方便迅速地进行测量和计算。自动图像分析仪是将电子束扫描和计算机结合，用一个摄像管把显微组织的衬度变化变成强弱不同的电流，在其内，成像探测器能分辨不同灰度的测试相，提供其分析数据,例如晶粒度、相和质点的体积百分数等,因此曾被广泛应用于定量分析中。现在数字图像技术的发展,可以很方便地获取金相组织的数字图像,然后可利用专业的分析软件或通用软件如 MATLAB 中的图像处理工具箱等软件进行分析测量,获取多个组织特征值,从而对组织特点有更深刻的认识。

在进行定量分析工作时,测量前应选好具体的测量方法和测量参数。首先,选择的样品应能反映材料的客观情况,即样品应具有很好的代表性,在此基础上,关键是应仔细制备样品,使组织特征得以清晰明显地显示,为后续的准确测量分析奠定基础。在测量分析中一般每个样品上的测试视场不应少于 5 个。

本实验中介绍三种常见的组织组成物定量分析。

(1)颗粒组织定量表征分析

表征颗粒的大小除面积(area)外,可用于比较的常常是一个颗粒的当量直径。常用的当量直径有投影面直径 da(与颗粒投影面积相同的圆的直径),和周长直径 dc(与颗粒投影外形周长相同的圆的直径)。表示颗粒大小分布则常用大小范围来表示,有矩形图和累计百分率频率分布图示法。这些在 MATLAB 软件中都很容易实现。

仍然以 T12 的淬火后低温回火组织为例,其中的渗碳体对性能有重要影响,我们对图 2-1 组织(图像)中的渗碳体进行分离与分析计算。以下为采用 MAT-LAB 图像工具处理箱进行分析的 m 文件。

```
% Read image and display it.
I = imread('T12.bmp');
imshow(I)
% bw
level=graythresh(I);
bw=im2bw(I,level);
imshow(bw)
% label
[labeled, numObject]=bwlabel(bw,4);
numObject
% particle
particledata=regionprops(labeled,'basic');
allparticles=[particledata.Area];
A1=max(allparticles)
```

```
A2＝Mean(allparticles)
hist(allparticles,20)
% canny
I1＝im2double(bw);
BW＝edge(I1,'canny');
figure, imshow(BW)
```

首先读入数码照片图 T12. bmp，然后进行阈值分割，得到图 2 - 6 所示的结果图。

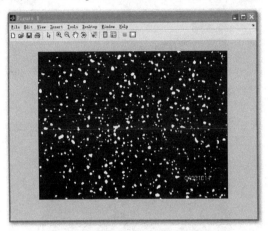

图 2 - 6　T12 种渗碳体阈值分割分离结果图

对图中的渗碳体(白色)进行标注，并统计数 numObject＝762。对所有渗碳体计算面积，找出最大面积为 362 平方像素和平均面积为 38.8 平方像素，并进行统计直方图描绘，得到图 2 - 7 所示的结果图。最后尝试使用 Canny 算子对渗碳体进行边缘分割提取，得到图 2 - 8 所示的结果图。对于这张组织照片中的渗碳体也可利用图像处理专业软件，如 Image Pro Plus 6.0，进行分析处理。同样，利用这一软件时，先读入组织照片文件 T12. bmp. 在增强处理(Enhance 下拉菜单)中利用对比度(Contrast hancement)将黑白对比度调到最大(100)，得到图 2 - 9 所示结果截图。在测量(Measure)下拉菜单中，使用计数/尺寸 Count/Size)功能统计白色目标图像的面积、当量直径和周长，得到结果如图 2 - 9 所示。

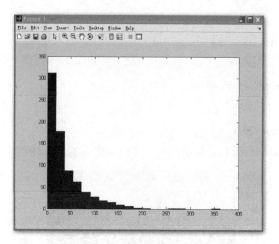

图 2 - 7　组织组成物渗碳体统计分析直方图

图 2 - 8　Canny 法分离提取渗碳体标注图

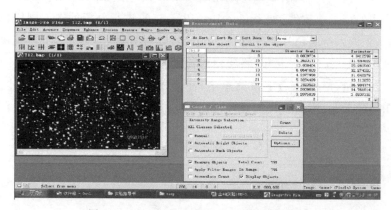

图 2 - 9　Image Pro Plus 6.0 处理结果截图

(2)组织的相对含量测量

1)计点法

在金相检验中,常需要确定组织中某一相或组织组成物的相对含量即为该测量相的体积百分比 V_V。$V_V = V_A/V_T \times 100\%$,$V_A$ 为被测物的所占的体积,V_T 为测试用的总体积。根据定量分析公式,$V_V = L_L = P_P$,即可测量算出点分数或线分数,就可得到 V_V。

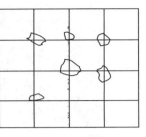

图 2-10　　点测试

例如:用计点法测试点分数 P_P,如图 2-10 所示。使用 4×4 的网格,测试点的总数为 P_T 为 16,在网格测试点上粒子有 4 个,和测试点相切的 2 个,则可求出

$$P_P = P/P_T = 5/16 \times 100\%$$

注意:应选用合适的网络,使落在被测相面积内的点数不大于 1,网络中线的间距大小与被测相相近,应至少测量 5 个以上的视场。

2)数字图像处理技术

将采集好的数字图像,如图 2-11 所示的 40 钢退火组织,导入专业的图像处理软件,如图 2-12 所示,就可以使用图像处理技术进行定量分析。处理的基本的步骤:读入原始图像→转为灰度图像→灰度自动色阶→调整亮度、对比度→二值化处理,得到黑白分明的灰度图像。若图像为灰度图像,直接进行阈值分割提取待测物相;若图像为彩色图像,可直接进行阈值分割提取待测物相,也可图像彩色灰度化后进行阈值分割提取待测物相。

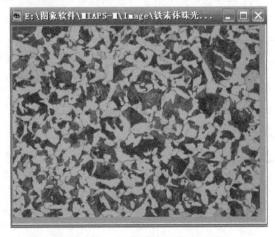

图 2-11　40 钢退火组织:P+F

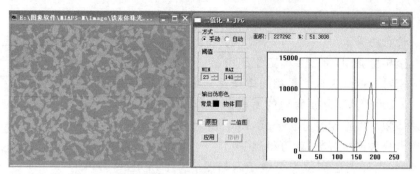

图 2-12　40 钢组织图像阈值分割后分析珠光体含量

(3)球墨铸铁的定量分析

1)球化分级和评定

根据国家标准 GB/T9441 球磨铸铁金相检验,球墨铸铁球化率为球状和团状石墨个数所占石墨总数的百分比,将球化率分为六级,如表 2-6 和图 2-13 所示。球化率计算时,视场直径为 70 mm,被视场周界切割的石墨不计数,放大 100 倍时,少量小于 2 mm 的石墨不计数。若石墨大多数小于 2 mm 或大于 12 mm 时,则可适当放大或缩小倍数,视场内的石墨数一般不少于 20 颗。在抛光态下检验石墨的球化分级,首先观察整个受检面,选三个球化差的视场的多数对照评级图目视评定,放大倍数为 100 倍。采用图像分析仪进行评定时,在抛光态下直接进行阈值分割提取石墨球,按式计算球化率及评定级别。首先观察整个受检面,选三个球化差的视场进行测量,取平均值。

表 2-6　球化分级

球化级别	球化率	图号
1 级	≥95%	图 2-13(a)
2 级	90%	图 2-13(b)
3 级	80%	图 2-13(c)
4 级	70%	图 2-13(d)
5 级	60%	图 2-13(e)
6 级	50%	图 2-13(f)

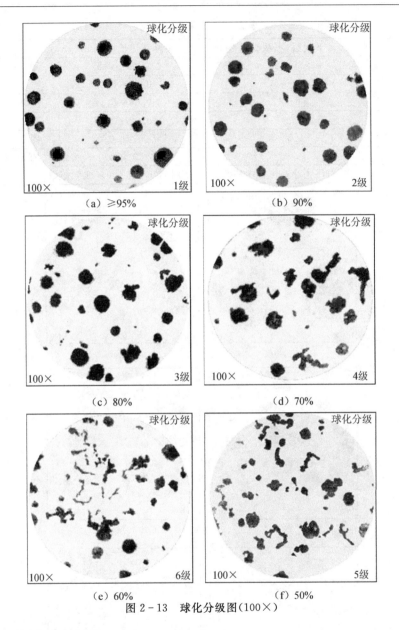

图 2-13 球化分级图(100×)

2)石墨大小和评定

抛光态下检验石墨大小,放大倍数为 100 倍。首先观察整个受检面,选取有代表性视场,计算直径大于最大石墨球半径的石墨球直径的平均值,对照相应的评级图评定。采用图像分析仪,在抛光态下直接阈值分割提取石墨球,原则同手工法。石墨大小分为 6 级,见表 2-7 和图 2-14。

表 2-7　石墨大小分级

级别	在 100× 下观察,石墨长度/mm	实际石墨长度/mm	图号
3	>25~50	>0.25~0.5	图 2-14(a)
4	>12~25	>0.12~0.25	图 2-14(b)
5	>6~12	>0.06~0.12	图 2-14(c)
6	>3~6	>0.03~0.06	图 2-14(d)
7	>1.5~3	>0.015~0.03	图 2-14(e)
8	≤1.5	≤0.015	图 2-14(f)
注:石墨大小在 6 级~8 级时,可使用 200× 或 500× 放大倍数			

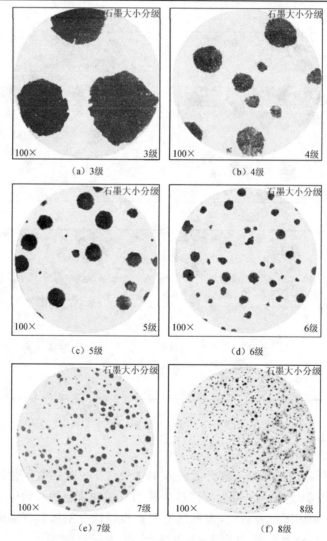

（a）3级　　　　　　　（b）4级

（c）5级　　　　　　　（d）6级

（e）7级　　　　　　　（f）8级

图 2-14　石墨大小分级图

（4）样品组织的特殊显示方法

无论是传统的测量方法，还是使用计算机软件，对于定量分析，前提是拥有一幅衬度明显的高质量组织照片。用于获取定量分析组织照片的样品应精心制备，往往对其要求衬度明显。若用一般方法制备的金相样品组织达不到要求的话，就要采取特定组织的特殊显示方法，以便获得良好的组织衬度。用于定量分析常用的组织显示方法有热染法、化学试剂染色法、真空镀膜法等。热染法简单方便，适应于加热时组织不变化的材料。化学试剂染色法简单，不需要特殊设备，但它们都要经过反复的实践摸索，才能取得实验材料特定处理状态下的良好组织衬度效果。

1）热染法

将按一般方法制备好的样品，在氧化性的气氛中加热保温一定的时间，一般碳钢在 300 ℃下保温 10 min 使表面生成一层干涉薄膜，膜的厚度或性质与材料的成分、晶体结构等有关，但只有膜的厚度在 40～500 nm（400～5000 Å）范围内，才产生色差，出现彩色衬度。因此需要对特定材料通过试验确定温度和时间。

2）化学试剂染色法

化学试剂染色法是在样品的制备过程中，腐蚀时用化学着色试剂，通过化学和电化学作用，在样品表面的微电池的阴极或阳极上沉积薄膜，使组织着色。化学试剂染色法，因膜的形成机理不同而分为阳极试剂、阴极试剂和复合试剂。阳极试剂是以偏亚硫酸盐为基的试剂，阴极试剂是以硒酸或钼酸盐水溶液为基的试剂系列。复合试剂的机理很复杂，配制也复杂，请参考其他资料。本次试验中所用试剂配方为：1 g 偏重亚硫酸钠＋5 g 硫代硫酸钠＋100 ml 水，在室温 20 ℃下腐蚀 1～2 min。

3. 实验内容

①每 3～5 个人为一组，制备表 2-8 中所列材料的金相样品，分别采用一般制备方法和特殊的组织显示方法显示组织，以便比较分析。

表 2-8　样品组织的特殊显示方法

编号	材料名称	处理状态	腐蚀剂	时间	定量分析内容	结果记录
1	20 钢/45 钢/60 钢	退火	4%硝酸酒精	5～10 s	组织相对含量	
2	球墨铸铁	铸态	4%硝酸酒精	抛光态	球化率、石墨大小	
3	T8 钢	球化退火	特殊染色试剂	1～2 min	渗碳体数量、粒径分布等	
4	W18Cr4V/T12 钢	淬火＋回火	4%硝酸酒精	5～10 s	碳化物数量、粒径分布	

②将制备好的样品组织拍照,至少在 5 个不同的视场拍照。

③选择一种定量方法,进行组织组成物的定量分析。要求采用图像分析软件。

④计算出标准偏差或绝对误差。

4. 实验仪器与材料

(1)实验材料

20 钢、40 钢、60 钢、T8 钢、T12 钢、球墨铸铁、W18Cr4V 钢不同热处理状态试样若干。

砂纸、玻璃板、抛光粉、腐蚀剂、竹夹子等金相制样工具及试剂。

(2)实验仪器

抛光机、吹风机、金相显微镜、数码金相显微镜及图像分析软件等。

5. 实验流程

①先按化学试剂染色法中的配方配制好腐蚀剂,盖上盖子,放置到安全处待用。

②3~5 人为一组,每组按一般的金相样品制备方法制样,制备表 2-8 中所列样品。

③用普通腐蚀剂腐蚀。再制备一块,选用合适的特殊腐蚀剂腐蚀,参考表 2-8。

④也可适当改变腐蚀剂成分、时间或温度等,观察分析组织的显示情况。

⑤样品制备效果比较理想时,拍摄组织照片。

⑥对组织照片进行比较分析,至少选择一种方法进行定量测量。

⑦要求用分析测试软件测量,鼓励同学自己查找合适软件完成。

6. 实验报告要求

①写出自做实验的报告,包括实验目的、实验内容等。

②实验测量原始数据的计算。

③组织图中,将样品处理状态及腐蚀条件注明。

④将组织显示的条件及效果填入表 2-8 中。

⑤进行定量测量。

⑥对测量数据进行误差计算。

7. 思考题

①分析制备定量分析样品的质量及改进措施。

②简述自己采用的定量测量方法和步骤,为什么可以将测量的数据按正态分布对待?

③选取一张组织照片,分别用一种传统定量方法和一种计算机图像软件分析方法处理,分析各自的优缺点。

第三单元　结晶凝固与塑性变形组织

3.1　课内实验

实验7　结晶与晶体生长形态观察

1. 实验目的
①观察盐类结晶的过程,熟悉树枝晶的长大方式。
②了解晶体的生长形态和影响结晶的因素。

2. 实验概述
结晶凝固是物质由液态转变成固态的过程。

金属及其合金的结晶凝固是在液态冷却的过程中进行的,需要有一定的过冷度,即实际开始结晶温度低于熔点才能结晶,纯金属冷却曲线如图3-1所示。

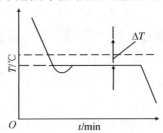

图3-1　纯金属冷却曲线

结晶包括形核和长大两个过程,如图3-2所示。

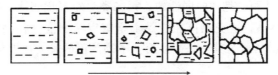

图3-2　纯金属结晶过程示意图

(1)形核
形核分为均质形核和非均质形核。均质形核为自液体中由于温度起伏和能量起伏,液体中近程有序集团的尺寸达到和超过临界尺寸作为晶核。而非均质形核则是借助液体中存在的外来固体核心形核,图3-3为非均质形核示意图,其中能量变化和液体表面张力、固体表面张力、液—固界面能以及润湿角 θ 有关。

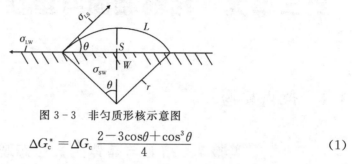

图 3 - 3　非匀质形核示意图

$$\Delta G_c^* = \Delta G_c \frac{2 - 3\cos\theta + \cos^3\theta}{4} \tag{1}$$

式中: ΔG_c 为均质形核的最大(临界)形核功,其值为临界晶核表面能的三分之一。由此式可见,非均质形核取决于合适的异质夹杂物质点的存在。

对结晶形核而言,临界晶坯既可长大也可变小,以减小系统自由能。只有使晶坯维持长大,该晶坯才能成为结晶晶核。因此形核速率既与系统中晶坯数有关,也与原子的扩散有关,这两项均随温度的变化而变化。图3-4为形核速率与液体过冷度关系。当过冷度较小时,需要的形核功较高,形核速率很小,当过冷度增加时,形核速率随之增大,但当过冷度太大时,由于原子扩散困难,而使形核速率减小。因此,一般金属结晶时冷却速度越大,过冷度越大,生成的晶粒多尺寸越细小。

(2)长大过程

晶核一旦形成,为使其继续长大,液相原子必须向液-固界面上迁移堆积。晶体生长就是晶核消耗液体而堆积长大过程。晶体的进一步长大由原子向液-固界面堆积的动力学条件所限定,而晶体生长形态取决于晶体的长大过程特点,即主要取决于液-固界面原子尺度的特殊结构——液-固界面的微观结构。

材料的结晶形貌特点可分成两大类。一类为非小晶面长大,主要是金属和一些特殊的有机化合物。这类晶体具有宏观上光滑的液-固界面,且显示不出任何结晶面的特征。图3-5(a)所示为非小晶面界面晶体长大后,外形呈树枝状,原子在向液-固界面上堆积时是各向同性的。第二类为小晶面长大,主要是类金属、矿物及一些有机物晶体。这类晶体在宏观上呈锯齿状的液-固界面,显示出结晶面的特征,图3-5(b)所示为其生长的外形。不同晶面的长大速度是不同的,从而形成有棱角的外形。

晶体长大机制指结晶过程中晶体界面向液相推移的方式,具体某种晶体长大按小晶面还是非小晶面方式,这取决于液-固界面的微观结构,也即需要讨论其液-固界面的自由能,主要和熔化熵相关。

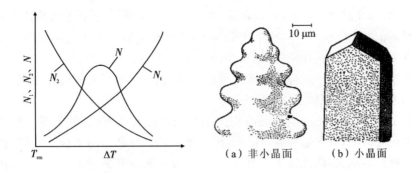

图 3-4 ΔT 对结晶形核率的影响　　图 3-5 界面的宏观形态

液-固界面的微观结构可用 Jackson. K. A 模型来描述。该模型认为液-固界面粗糙化过程中界面能的变化 ΔG_s,晶体外表面取界面能最低的低指数密排面,设界面上可被原子占据的位置数为 N,在此光滑界面上随机地增加固相原子,并以 Na 表示界面相被固相原子所占据的位置数,则固相原子在界面上所占位置的分数 $x=Na/N$,有

$$\Delta G_s/NkT_m = ax(1-x)+[x\ln x+(1-x)\ln(1-x)] \qquad (2)$$

式中:ΔG_s 是液-固界面相对自由能变化;T_m 是熔化温度,K;α 是界面因子,主要与熔化熵和结晶晶面指数有关。

液-固界面相对自由能变化与界面上原子堆积概率的关系计算结果如图3-6所示。$\alpha \leqslant 2$ 时,ΔG_s 在 $x=0.5$ 时有一个最小值,即 ΔG_s 在界面原子位置有 50% 被堆积时最小,也就是说,有一半原子位置被堆积时,其自由能最小,此时的界面形态被称之为粗糙界面(在原子尺度)。$\alpha > 2$ 时,在 x 值接近 0 和 1 的地方 ΔG_s 最小,$x=0$ 界面层上原子没有堆积,$x=1$ 界面层上位置全部为原子堆积,其物理意义是一样的,即液-固界面在原子尺度上是光滑的,称为光滑界面。

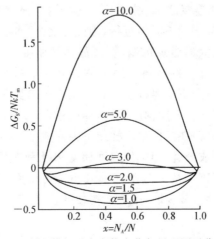

图 3-6 不同 α 值相对自由能变化与界面原子分数关系

　　凡属α<2的材料在凝固时，其液-固界面是粗糙的，由于原子向晶体表面上附着容易，晶体长大所需的过冷度几乎为零，大部分金属属于此类粗糙界面生长长大。凡属α>5的材料在凝固时，其液-固界面是光滑的，固液两相结构与原子结合键力差别都很大，原子向晶体表面上附着困难，晶体长大需要的过冷度就很大，非金属和部分有机物就属于这类材料。

　　对于微观光滑界面，其界面结构为小晶面的光滑界面，这种界面从原子尺度来衡量是光滑的，对于这种界面结构，因为单个原子与晶面的结合力较弱，在堆积时很容易逃离晶面，因此这类界面的长大，只有依靠在界面上出现台阶，液体中扩散来的原子堆积在台阶的边缘，依靠台阶向其侧面扩展而长大，称之为"侧面长大"模式。台阶的来源主要有二维晶核台阶和晶体中的缺陷（特别是螺型位错造成的台阶），如图3-7所示。

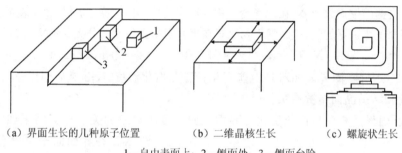

　　（a）界面生长的几种原子位置　　　（b）二维晶核生长　　　（c）螺旋状生长

1—自由表面上；2—侧面处；3—侧面台阶。

图3-7　光滑界面的生长机制

　　对于粗糙界面，界面结构为非小晶面的粗糙界面，这种界面从原子尺度衡量是坎坷不平的，对于接纳从液相中来堆积的原子来说，各处都是等效的，从液相中来的原子很容易与晶体连接起来，晶体长大比光滑界面容易，只要堆积原子的供应没有障碍，其长大可以连续不断地进行，因此称之为"连续长大"模式。

　　以上讨论了晶体长大的微观机制，金属晶体开始生长后，其形态还取决于界面前沿液相内的温度分布。纯金属及固溶体合金在正的温度梯度下结晶为平面状生长，而在负的温度梯度下呈树枝状生长。这主要是界面前沿的液相内的温度分布影响了界面的稳定性。温度梯度为正，界面稳定，反之则界面不稳定。

　　当含微量杂质时，即便在正的温度梯度下因有成分过冷也会生长成胞状晶或树枝晶。金属和合金的成分、液相中的温度梯度和凝固速度是影响成分过冷的主要因素。晶体的生长形态与成分过冷区的大小密切相关。在成分过冷区较窄时形成胞状晶，而成分过冷区较大时，则形成树枝晶。

　　由于金属是不透明的,一般说来,我们不能观察到它的结晶过程。但金属和盐类的结晶都是由形核和长大两个基本过程组成,通过观察透明盐类的结晶,如氯化铵的结晶,有利于了解树枝晶的结晶过程和长大形态。

　　将质量分数为 25%~30% 的氯化铵,即接近饱和状态的水溶液,滴几滴在玻璃板上或倒入少量于玻璃皿中,其结晶过程是靠水分蒸发和降温来驱动结晶的。结晶过程为首先从液体的边缘处开始,慢慢向内扩展,在首批晶核长大的同时,又不断地形成新的晶核并长大。整个过程是不断形核和晶核长大的过程。最后,各晶粒边界相互接触,相互妨碍生长,直到液体耗尽,各晶粒完全接触,结晶完成。

　　通过化学中的取代反应也可观察树枝晶的生长过程。在硝酸银的水溶液中放入一段细铜丝,铜开始溶解,而银发生沉淀现象。将银冲水吹干,在显微镜下观察,也可看到银的枝晶生长过程。

3. 实验内容

　　①观察质量分数为 25%~30% 的氯化铵溶液在玻璃皿中空冷的结晶过程。

　　②观察质量分数为 25%~30% 的氯化铵溶液在玻璃皿中空冷时,在其上撒入少量的氯化铵粉末的空冷结晶过程。

4. 实验材料与设备

　　氯化铵、玻璃皿、天平、吸管、玻璃棒、放大镜。

5. 实验流程

　　①按水的体积多少,计算氯化铵的用量,并用天平称取;

　　②在烧杯中配制质量分数为 25%~30% 的氯化铵水溶液;

　　③滴几滴在玻璃板上或倒入少量于玻璃皿中;

　　④在部分玻璃皿中撒入少量的氯化铵粉末空冷结晶;

　　⑤观察不同条件下氯化铵水溶液结晶过程。

6. 实验报告要求

　　画出氯化铵水溶液结晶组织示意图:

　　①氯化铵水溶液空冷的结晶组织示意图;

　　②撒入少量的氯化铵粉末空冷结晶组织示意图。

7. 思考题

　　①什么是成分过冷? 它对结晶凝固的组织形态有何影响?

　　②凝固结晶包括哪两个过程? 形核速率对晶粒细化有何影响? 试比较不同条件对氯化铵水溶液空冷的结晶组织的影响。

实验 8   二元共晶系合金的组织观察与分析

1. 实验目的

①熟悉共晶系合金的显微组织特征。

②掌握用相图分析合金结晶组织的方法。

2. 实验概述

相图是分析显微组织的最基本的依据。在组织分析中,相或组织组成物的数量、形态与分布等对组织与性能有很大的影响,常需要借助于相图研究分析。有许多二元共晶系的合金如 Pb－Sb、Pb－Sn、Al－Si、Cu－O,Fe－C(白口铸铁部分)等,现以 Pb－Sn 合金为例来分析,见图 3－8。

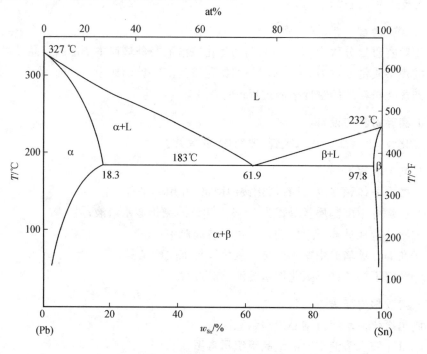

图 3－8   Pb－Sn 合金相图

（1）端际固溶体

位于相图的两端,分别是含 Sn 的质量分数小于 18.3％的合金与含很少量 Pb 的合金。这类合金在结晶终了将得到单相固溶体——α 固溶体和 β 固溶体,将其冷到固溶度线以下,将析出二次 β 或二次 α,通常呈粒状或小条状分布于晶界与晶内。

（2）共晶线上的合金

成分处于共晶线上的合金,在温度降到共晶温度时,都要发生共晶反应,组织中有共晶组织特征。按成分分为亚共晶合金、共晶合金和过共晶合金几种。

　　1)共晶合金

　　如 Pb – Sn 二元合金成分处于共晶点上,在共晶温度时,发生共晶反应,其反应式为:$L_E—α+β$,结晶完毕,得到全部的共晶组织。一般说来,共晶体的成分是确定的,由一定成分的固溶体组成。例如,在 Pb – Sn 合金中,共晶体由 $α+β$ 两相组成,$α$ 相是 Sn 在 Pb 中的固溶体,Sn 在 Pb 中的质量分数为 18.3％,$β$ 相是 Pb 在 Sn 中的固溶体,由于 Pb 在 Sn 中的固溶度很小,所以 $β$ 相的成分与纯 Sn 的成分接近,可认为其共晶体由 $α+Sn$ 组成。

　　共晶体的形态因合金不同而呈各种形态。有片状、枝状、棒状、球状、针状等形态,主要由组成相的本质和相对数量决定。当二元合金为金属-金属型,共晶反应时,两相的液-固界面为微观粗糙型,结晶后易形成规则的共晶体,如 Pb – Sn 合金的共晶为片状。而金属-非金属型的合金,共晶组织常呈复杂的形态,由于金属相的液-固界面为微观粗糙型,而非金属相的液-固界面常为微观光滑型,它们的生长速度不同,使生长速度慢的非金属相产生分枝,形成了各种复杂的形态,如 Pb – Sb 合金中(Sb 呈弱金属性),共晶组织形态为树枝状。

　　在分析共晶组织时,由一个晶核长成的同方向区域为一个共晶领域,由几个领域组成的区域称共晶团,共晶团的周围组织较为粗大,这是由于该处最后结晶,要放出结晶潜热,使其过冷度降低,成核数下降引起。

　　2)亚共晶合金和过共晶合金

　　亚共晶合金的成分位于共晶点左侧,而过共晶合金成分位于共晶点右侧。它们在冷却时,首先要结晶出初生晶体,而后结晶到达共晶温度时发生共晶反应,即剩余的液相生成共晶体。组织特征为初生晶体加共晶体。成分离共晶点越近,初生相的数量越少,若有固溶度变化,冷到室温,会析出二次相。例如,Pb – Sn 合金的亚共晶组织为 $α+(α+Sn)$,过共晶组织为 $Sn +(α+Sn)$。

　　初生相的形态也与合金的本质和数量有关,纯金属及其固溶体的初生晶体一般呈树枝状。而金属性差、晶体结构复杂的元素或化合物,数量较少时常呈规则形状,如正方、三角、菱形等;而数量较多时,也可呈树枝状、卵状等。

　　(3)枝晶偏析与离异共晶、伪共晶

　　上述讨论的是二元合金的平衡态组织,即缓慢冷却下结晶的组织特征。而当二元合金不平衡结晶时,也就是在快冷时,固相成分扩散不均匀,固相成分偏离平衡相图上固相线的位置,结晶后的组织成分不均匀,先结晶的枝干,含高熔点组元多,后结晶的枝间含低熔点组元多,即所谓的枝晶偏析现象。由于枝晶偏析,组织呈树枝状分布,具有此种组织的合金性能下降,可通过扩散退火消除偏析提高性能,如 Cu – Ni 合金等。

快冷时,处于共晶恒温线上两端点附近的合金,由于初生相的数量较多,在共晶转变时,与初生相相同的相依附于初生相长大,另一相孤立存在,具有这种特征的共晶体称离异共晶。另外,快冷时共晶成分的合金将偏离原共晶点,形成伪共晶组织,而成分靠近共晶点的合金,快冷时,甚至来不及析出初生相就发生共晶反应,而结晶出全部的伪共晶组织。总之,快冷时,会导致初生相及二次相析出数量减少或来不及析出、原成分点及固相线的位置要发生变化以及形成的组织不均匀,较为细致等特点。

3. 实验内容

①认真预习实验指导书与课程的相关内容;
②用金相显微镜观察表 3-1 中所列合金的组织;
③结合相图等知识分析不同成分合金平衡结晶的组织特征;
④分析合金非平衡结晶的组织特征;
⑤按要求画出组织示意图,并标注相关条件。

4. 实验材料与设备

二元合金金相样品一套,如表 3-1 所示。
多媒体课件、设备一套,金相显微镜若干台。

表 3-1　二元合金金相样品

序号	合金系名称	类别	质量分数	显微组织
1	Pb-Sn	亚共晶	(30%~50%)Sn	
2		共晶	61.9%Sn	
3		过共晶	(70%~80%)Sn	
4	Pb-Sb	亚共晶	(5%~8%)Sb	
5		共晶	11.2%Sb	
6		过共晶	(20%~75%)Sb	
7	Al-Si	亚共晶	(3%~11%)Si	
8		共晶	11.6%Si	
9		过共晶	(12%~70%)Si	
10	Sn-Sb	铸态	12%Sb	
11		铸态	30%Sb	
12	Cu-Ni	铸造	20%Ni	
13		扩散退火	20%Ni	
14	Pb-Sb	亚共晶	(4%~5%)Sb	

5.实验流程

①正确操作金相显微镜,注意选择合适的放大倍数,观察表3－1中所列合金的组织;

②结合相图等知识观察分析不同成分合金平衡结晶的组织特征;

③观察分析不同非平衡结晶的组织特征;

④按要求画出组织示意图,并标注相关条件。

6.实验报告要求

①要求将显微组织填入表3－1中。

②画出下列组织示意图。

任选一组合金的亚、共、过共晶组织,离异共晶任选一。

要用铅笔画在直径30～50 mm的圆内,并注明组织组成物、放大倍数、样品材料状态及腐蚀条件。

7.思考题

①什么是共晶反应?共晶体的形态受哪些主要因素影响?变质处理改变铸造铝硅合金组织形态的机理是什么?

②是否只有处于共晶恒温线上的合金才能有共晶反应?如何解释单相固溶体合金在区域熔炼时末端产生的共晶体?

实验9　塑性变形与再结晶组织观察与分析

1.实验目的

①观察塑性变形与再结晶的组织特点;

②了解变形度对再结晶组织晶粒大小的影响;

③结合工艺和组织特点分析材料机械性能的变化。

2.实验概述

材料在外力作用下,所发生的变形为弹性变形和塑性变形,当应力在弹性极限以下,发生弹性变形,而当应力大于弹性极限时,发生不可恢复的变形,即塑性变形。塑性变形的基本方式为滑移和孪晶。

（1）滑移

滑移是晶体在切应力的作用下,金属薄层沿滑移面相对移动的结果,其实质为位错沿滑移面运动造成的。滑移后,滑移面两侧的晶体位向保持不变。将抛光的样品进行变形,在样品的表面上产生许多变形台阶,在显微镜下观察时,看到的是由许多黑色的线条组成,每条黑线称滑移带,而实质是样品表面出现的一组细小的台阶所致。滑移线的形状主要取决于材料的晶体结构,有直线形的、波浪状的、平行的和相互交叉的等。

多晶体滑移的特点是各晶粒内滑移的方向不同,变形程度不同,同一晶粒内的变形也不同,所以不同的晶粒和同一晶粒内的滑移带数量不同。此外,可看到滑移沿几个滑移系进行,如双滑移,即两组黑线交叉起来。

(2)孪晶

在不易滑移的材料中,变形常以孪晶的方式进行,孪晶是在切应力的作用下,晶体的一部分以一定的晶面,即孪生面为对称面,与晶体的另一部分发生对称移动,其结果使孪生面两侧的晶体位向发生变化,形成镜面对称。而在显微镜下,可看到较宽的孪生带。在滑移系较少的晶体如密排六方的锌中,常呈孪生变形。而面心立方的铁常以滑移方式变形,只在低温冲击时,才发生孪生变形。

某些材料再结晶退火后,出现退火孪晶,如纯铜或黄铜的退火孪晶,呈方形特征。这是由于再结晶过程中,新晶粒界面发生层错的缘故。

(3)冷变形后显微组织和性能

塑性变形不仅使材料的外形发生变化,其内的晶粒也拉长了。当变形度很大时,晶粒沿变形方向拉长,呈纤维状,在变形过程中,晶粒破碎成许多亚晶粒,晶格严重变形,位错密度增加,使进一步变形困难,产生加工硬化现象,即随着变形量的增大,硬度、强度增加,而塑性、韧性下降。

(4)变形材料加热时组织和性能的变化

变形后的材料,处于不稳定的状态,在加热时,要发生回复、再结晶和晶粒长大等过程,也引起材料机械性能的改变。

材料的机械性能与晶粒大小密切相关,晶粒大小又取决于变形度和再结晶退火的温度,当变形度一定时,晶粒大小仅受再结晶退火温度的控制。

当变形度很小时,晶格畸变能很小,不能发生再结晶,材料能进行再结晶的最小变形度,一般在2%～10%的范围内,这时候,再结晶的晶粒异常粗大,称该变形度为临界变形度,如铁的临界变形度约为5%,铜的临界变形度约为2%等。而当变形度超过临界变形度后,再结晶的晶粒随变形度的增加而减小。粗大晶粒使材料性能降低,在实际生产中,应尽量避免临界变形度范围内的变形。

1)回复

回复是在加热温度较低时,晶体内点缺陷、位错产生运动,使亚晶合并和多边形化等,由于温度较低,组织和性能变化不大,即晶粒外形无明显变化,强度和硬度稍有下降,塑性、韧性稍有增加。

2)再结晶

当加热温度较高时,位错等缺陷的运动能量增大,晶粒外形开始发生变化,拉长的晶粒变成新的等轴晶粒,而晶格类型不变,故称为再结晶。这时,材料的强度、硬度不断降低,而塑性、韧性显著升高,加工硬化现象消失。

3)晶粒长大

当温度继续升高时,发生聚集再结晶,晶粒粗化,此时,强度和塑性都降低。

3. 实验内容

①按金相显微镜的操作规程调节图像,观察表3-2所列的样品组织。

表3-2　塑性变形与再结晶样品组织观察

序号	材料名称		处理状态	放大倍数	显微组织
1	不同变形度材料	纯铁	0%		
2		纯铁	20%		
3		纯铁	40%		
4		20钢	40%		
5		40钢	50%		
6		T8	60%		
7	变形后不同条件下加热	纯铁	变形+高温退火		
8		20钢	40%变形+510 ℃ 15 min		
9		20钢	40%变形+510 ℃ 20 min		
10		20钢	40%变形+640 ℃ 15 min		
11		T8	50%变形+510 ℃ 15 min		
12	低碳钢临界变形度		完全再结晶		
13	纯铁滑移线		微量变形		
14	纯铁孪晶		低温冲击		
15	纯锌孪晶		变形		
16	纯铜孪晶		退火		

②分析各组织的特点与形成条件,了解滑移线和孪晶的区别。

③将变形度、再结晶温度与晶粒大小结合起来进行分析,观察分析临界变形度对晶粒大小的影响。

④按要求画出组织示意图,并标注相关条件。

4. 实验材料与设备

塑性变形与再结晶样品组织一套,多媒体设备一套,金相显微镜若干台。

5. 实验流程

①实验前应认真阅读实验指导书与相关的理论知识,明确实验目的、内容等。

②正确操作金相显微镜,注意选择合适的放大倍数,观察表 3 - 2 中所列合金的组织。

③观察分析不同的组织特征与区别,特别是组织组成物的分析。

④按要求画出组织示意图,并标注相关条件。

6. 实验报告要求

①明确实验目的、内容。

②将下列材料的组织示意图画在直径为 30～50 mm 的圆内,并注明组织特征、放大倍数、材料状态及腐蚀条件等。

- 变形度样品、再结晶样品各选两个画出。
- 滑移线、孪晶各选一个画出。

③分析所画组织的形成条件,总结材料塑性变形与再结晶组织性能的变化规律。

7. 思考题

①金属中常见的 3 种晶体结构中,哪种结构的滑移系最多?

②铜合金为什么在退火时易产生退火孪晶组织?

3.2　开放实验

零件热锻成形的变形与再结晶组织演变虚拟仿真计算

1. 实验目的

①了解零件成形的热锻工艺,学习有限元对变形与再结晶组织演变虚拟仿真计算方法;

②加深对材料科学基础课程中塑性变形与再结晶部分的理论认识;

③能够结合仿真模拟计算结果,提出防止临界变形度的措施,提升零件内部质量。

2. 实验概述

(1)实验原理

金属材料具有良好的塑性变形能力,可以通过体积成形工艺制备不同形状的零件,热锻就是其中之一(其他还有轧制、挤压、拉拔等)。

零件在体积成形时,材料通过模具承受外力。当受力物体内质点的应力达到材料屈服点,则该质点开始由弹性状态进入塑性状态,即处于屈服,开始发生塑性变形。在一定变形条件(变形温度、变形速度)下,只有当质点各应力分量之间符合一定关系时,质点才进入塑性状态,这种关系称其为屈服准则,也称塑性条件,常用的有 Tresca 屈服准则和 Mises 屈服准则。

Mises 屈服准则表述为:在一定的变形条件下,当受力物体内一点的等效应力 σ 达到特定值时,该点就进入塑性状态,即 $\sigma = \sigma_s$。其物理意义是当材料的单位体积形状改变的弹性位能(弹性变性能)达到某一常数时,材料(质点)就开始屈服,故 Mises 准则又称为能量准则或能量条件:

$$A_{\varphi} = \frac{1+\nu}{3E}\sigma_s^2 \tag{3}$$

式中:A_{φ} 为单位体积的弹性变形能;ν 为泊松比;E 为弹性模量;σ_s 为屈服强度。

这一准则只适用于各向同性的理想塑性材料。材料加工变形过程中有硬化效应,对于硬化材料,其硬化后屈服准则将发生变化。对于各向同性硬化材料和理想塑性材料的屈服准则都可以表示为

$$f(\sigma_{ij}) = Y \tag{4}$$

对于理想材料,$Y = \sigma_s$;对于硬化材料 Y 是变化的,按单一曲线假设,Y 是等效应变 ε 的函数,只取决于材料的性质而与应力状态无关,因此可用单向拉伸试验来确定,这个 Y 实际上就是流动应力 s。

塑性变形时应力与应变之间的关系称为本构关系,这种关系的数学表达式称为本构方程,也称物理方程,它是求解塑性变形的重要补充方程。弹性变形时,弹性应变与应力间存在广义胡克定律关系。而塑性变形时,应力和全量应变之间关系复杂,一般与加载路径相关。为避免这一问题,提出了塑性变形的增量理论,即针对加载过程的每一瞬间,认为应力状态确定的不是全量应变而是瞬时的增量应变。在实验上,可以测定材料的真实应力应变曲线,将其看成塑性变形时的应力应变实验关系,用于有限元零件结构的应力应变分析中。

零件成形中,结构的应力应变分析可以通过有限元软件完成。有限元是一种数学方法,是 20 世纪 50 年代为求解航空工程结构问题而提出的一种离散数学方法,特别适合于求解多物理场作用下的超静定工程问题,包括力场、电磁场等各种连续介质问题,对于任何复杂边界、复杂结构对象和初始条件,都可以采用该方法求解。塑性加工问题是一种最为典型的力场和多物理场非静定工程问题,是有限元应用的最典型的领域之一。

MSC.Marc 是国际上著名的非线性有限元分析软件,具有处理几何非线性、材料非线性和包括接触在内的边界条件非线性及其组合的高度非线性的超强能力。它可以处理各种结构静力学、动力学问题、温度场分析以及其他多物理场耦

合问题。在前面 1.3 开放实验中已用其进行激光淬火温度场的仿真模拟,在这次仿真模拟试验中,也采用 MSC. Marc 软件进行。

　　(2)塑性加工成形仿真的共性问题

　　1)刚塑性材料的大变形

　　在利用金属塑性加工的体积成形(锻造、轧制、挤压、拉拔、强力旋压等)过程中,金属材料的弹性变形量相对塑性变形量而言很小,可以忽略不计,可将材料视为刚塑性材料。

　　2)模具刚性化处理

　　相对于金属的塑性变形,模具可认为是刚性的不变形体,在几何建模中作为刚性单元处理。

　　3)接触摩擦处理

　　金属体积成形过程中,金属材料受模具限制发生塑性变形,金属和模具之间接触,发生剧烈摩擦。塑性加工中的摩擦问题十分复杂,由于对其机理尚未完全认识清楚,因此还没有圆满的解决办法。为满足模拟分析需要,提出了许多简化的摩擦模型,典型的有库伦摩擦、反正切摩擦和双线性摩擦模型。

　　在金属体积成形过程中,应用最广泛的是反正切函数摩擦力模型,在 Marc 软件中可直接选用。这个模型不仅可以反映摩擦力的变化情况,而且可以避免速度中性点处的摩擦力换向问题。

　　这部分在 Marc 软件中的分析任务模块的接触控制中设置。

　　4)网格重划分

　　金属体积成形过程中,坯料将发生剧烈的塑性变形,最初生成的单元将发生严重的扭曲,这样将使得计算过程无法继续进行下去。因此在有限元软件中,为了使分析能够在足够的精度下继续进行,有必要采用新的网格,并将原来旧网格中的状态映射到新划分的网格上,这种在分析过程中重新调整网格的技术就是网格重划分功能。

　　网格重划分过程包括三部分:一是网格重划分准则;二是网格重划分方法;三是场变量插值。MSC. Marc 提供了全局网格重划分功能,它以旧网格的边界和状态变量为基础,生成新网格及其状态变量。

　　Marc 程序自动完成这一过程,只需要在网格重划分模块中设置网格重划分类型和网格重划分采用的生成器,并在工况分析选用就激活了网格重划分。

　　5)热-力耦合分析技术

　　金属体积成形过程中,工件在产生塑性变形过程中往往伴随着温度的变化,温度变化和变形过程是相互耦合的。MSC. Marc 软件提供了热-力耦合分析工程,既可以计算成形过程的温度效应,也可以计算工件变形造成的温度场变化,其方法是采用更新的拉格朗日法处理热-力耦合方程的求解。

在 MSC. Marc 软件中采用了交错迭代法来求解拉格朗日描述的热-力耦合问题,其主要过程为在每个增量步开始时将几何形状更新,在新的拉格朗日坐标下分析温度场方程。采用非线性方程迭代求解热传导的等效温度场递推关系式,收敛后,在同一增量步中更新温度场,评价材料的力学性质和热应变,迭代求解力平衡方程,收敛后进行下一增量步的分析。这样就可以在某一瞬时分别计算工件的变形和温度,然后借助本构关系,将变形和传热的相互影响同时考虑,从而实现了塑性成形过程的热-力耦合分析。

这一部分在 Marc 通过分析类型的下拉菜单来选取。

6)晶粒组织模拟

金属高温体积成形过程中伴随着材料的变形,微观组织也将会发生变化,发生诸如动态回复、动态再结晶、晶粒长大和相变等。组织模拟对于预测工件的性能,进而对体积成形过程中的控形和控性兼顾具有重要意义。

在 MSC. Marc 软件中提供了经典的 Yada 模型预测晶粒的长大过程,同时还提供了用户子程序供使用者进行晶粒模拟的二次开发。

3. 实验内容

材料塑性变形与再结晶是材料科学基础课程的重要内容之一,而零件热锻过程中金属材料发生塑性变形和再结晶,在不同的锻造工艺条件下,最终零件的组织和性能不同,因此热锻既是零件体积成形的一种重要工艺,从材料科学的角度看,它也是塑性成形与再结晶理论的重要应用范例。

本实验以汽车轮毂和飞机发动机涡轮盘这两种典型零件的热锻成形为例,利用有限元仿真计算模拟零件在热锻过程中的变形与再结晶组织演变,使学生在虚拟场景中能够观察到零件热锻过程中的变形历程和再结晶演变过程,加深对"材料科学基础"课程中"塑性变形与再结晶"学习内容的理解和掌握,特备是对临界变形度导致的再结晶晶粒异常长大的直观感受,提升"金相技术与材料组织分析"独立实验课中"塑性变形与再结晶组织观察分析"实验项目的教学效果。

通过这一研究型实验,学生能够掌握有限元分析软件用于材料体积成形的模拟计算,探索研究任何具体零件的塑性变形体积成形时,坯料材料及加热温度、模具预热温度、锻造速度和模具结构设计对成形零件最终组织性能的影响,分析并提出改进成形零件质量具体措施,提升学生将理论知识借助现代仿真计算手段用于实际工作的能力。

4. 实验仪器与材料

①Windows 10 系统计算机工作站;

②MSC. Marc 有限元模拟计算软件(学生版)。

5. 实验流程

以汽车轮毂的热锻为例,本案例取自 MSC. Marc 软件的帮助文件。

图 3-9 为轮毂零件的锻造示意图,考虑到零件的轴对称性,采用二维轴对称模型进行分析。轮毂材料为 16MnCr5,热锻过程的工艺参数热如表 3-3 所示。

表 3-3　轮毂热锻过程工艺参数

坯料温度 /℃	上模温度/℃	底模温度/℃	上模速度/(mm·s^{-1})	摩擦系数
1200	250	300	0.3	0.2

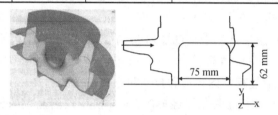

图 3-9　轮毂外形及热锻过程示意图

计算过程中模具的温度恒定,忽略其自身温度的改变。不考虑热锻过程中模具的变形,视其为刚体。打开 Marc 2016 软件,虚拟仿真计算实验的具体步骤如下。

(1)建立工程导入几何模型

使用 Marc 软件建立有限元模型,除采用前处理直接建立几何模型外,还可以通过其他 CAD 软件建立几何模型后导入到 Marc 有限元软件中使用,相应的接口文件类型有很多,如 IGS、DXF、STL 等。本例采用直接导入文件模式建立几何模型,文件名为 forge. igs。几何模型如图 3-10 所示。

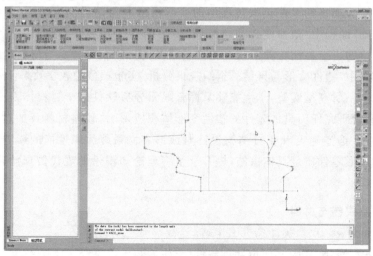

图 3-10　几何模型

(2)有限元分析模型的建立

导入几何模型后就可以建立有限元模型。轮毂零件热锻过程的有限元模型建立主要包括定义各部分几何模型的名称和坯料的网格划分两部分。

①首先组合曲线:在几何分网模块,几何下的曲线种类中选取复合,对上模曲线组合;同样的方法,对下模曲线组合,如图3-11所示。

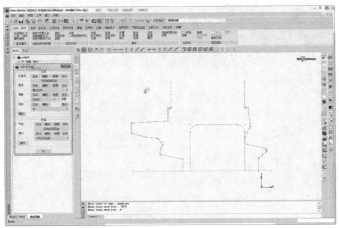

图3-11　组合曲线

②命名曲线:在选取命令下拉菜单中,选择集合中的集合控制菜单打开,在曲线中选择新建集合,下模曲线:名称为surport_geo,选择下模曲线(已组合的曲线69)确认;

上模曲线:名称为punch_geo,选择上模曲线(已组合的曲线59)确认;

坯料曲线:名称为workpiece_geo,选择工件坯料(42 43 44 45 46 47)确认;

定义对称轴:名称为symmetry_geo,选择 x 轴,确认,如图3-12所示。

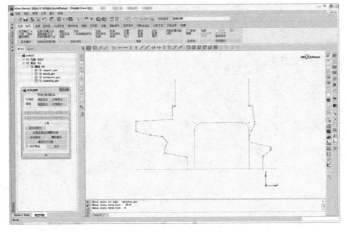

图3-12　命名曲线

注意:对称轴在 Marc 中默认是在 x 轴上。

③网络划分:对坯料进行网格划分,采用 2D planar meshing 划分,分段 20、20。

在自动分网模块,选择平面实体点击打开二维平面自动分网对话框,在四边形(覆盖法)中分割数填入 20、20,选择坯料几何模型确认,如图 3-13 所示。

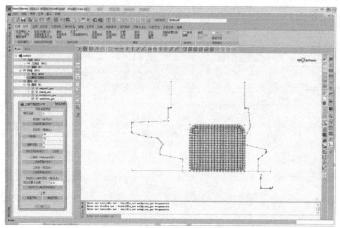

图 3-13　自动分网

(3)材料特性定义

Marc 软件中自带了材料库,提供了近 200 种材料可供用户选用。用户可以自行输入材料的性能参数,也可以直接调用材料库中的材料性能参数。本案例中,轮毂零件材料为 16MnCr5,可以直接从材料库中调用。

在材料特性栏下的材料特性模块,点击导入打开材料数据库,选择 16MnCr5,确认,导入相关数据,如图 3-14 所示。

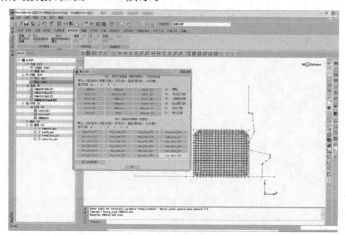

图 3-14　定义材料之一

点击导航栏中材料—标准—16MnCr5,打开材料特性对话框,可以看到材料的各种参数均已输入,只需将其赋予坯料单元,在该对话框的单元中点击添加,选取所有单元即可将材料特性赋予所有单元,确认即可。如图 3-15 所示。

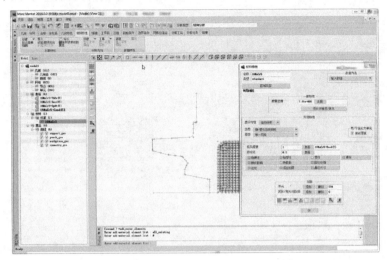

图 3-15　定义材料之二

在这里可以点击塑性,查看材料的加工硬化特性曲线。

(4)接触条件定义

金属体积成形过程中,接触设置包括工件的自接触及工件与模具的接触两类。对于二维轴对称问题,还需要设置对称轴。

工件与模具间的接触参数设置包括界面传热系数、界面摩擦因数。

坯料参数设置仅定义界面传热系数、环境温度及界面热传导系数即可。

模具的接触参数设置,需要定义模具初始温度、界面热传输系数及界面摩擦因数。

上模还需要定义运动参数,锻造过程模具速度为 0.3 m/s。

定义的接触体、接触对列表及设置的坯料自接触及坯料与上、下模接触的参数流程如下。

①在接触命令中的接触体模块中点击新建,如图 3-16 所示。

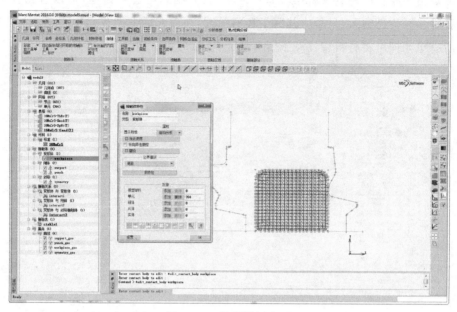

图 3-16　接触设置之一

分别定义坯料、上模和下模。

在坯料定义中,新建变形体,名称 workpiece,添加所有单元,定义工件与环境换热系数 0.17,定义环境温度(sink temp.)20。

在下模定义中,新建刚体,名称 support,添加代表下模曲线,定义底模温度 300 ℃。

在上模定义中,新建刚体,名称 punch,添加代表上模曲线,定义上模温度 200 ℃。此外,还要定义上模的运动参数:上模速度 x 方向 0.3 m/s,接近速度 10 m/s。

②在接触命令中的接触关系模块中点击新建,分别定义自接触(变形体与变形体)和工件与模具(变形体与刚体)接触关系。

在自接触定义中,定义接触容差 0.1,摩擦因数 0.2,接触换热系数 20,如图 3-17 所示。

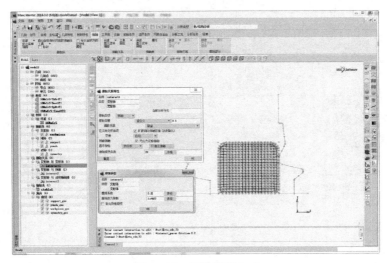

图 3-17 接触设置之二

在变形体与刚体接触关系中,定义接触容差 0.1,摩擦因数 0.2,接触换热系数 20。如图 3-18 所示。

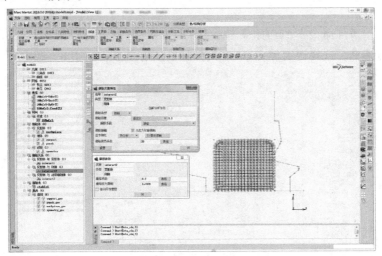

图 3-18 接触设置之三

③在接触命令中的接触表模块中点击新建,依次激活工件自接触、工件与上模接触和工件与下模接触关系。如图 3-19 所示。

这样就定义了接触条件。

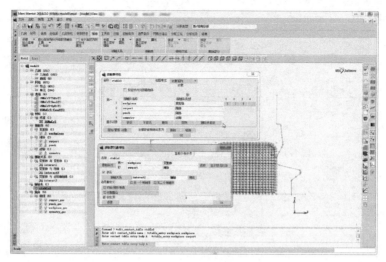

图 3-19　接触设置之四

（5）初始工况定义

初始条件定义主要用于定义工件的初始温度,本案例中坯料的初始温度为
1200 ℃。

在初始条件命令下的初始条件模块,点击新建（热分析）的温度,打开初始条
件特性对话框。选择温度填入"1200",并赋给所有节点。如图 3-20 所示。

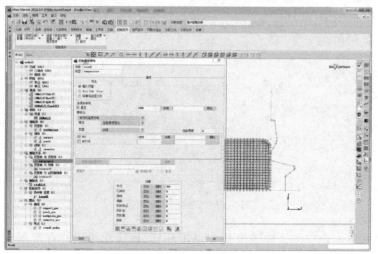

图 3-20　定义初始工况

（6）网格重划分参数设置

体积成形中,工件变形过程中变形量很大,会使网格发生畸变,导致计算无法

继续进行，必须进行网格重划分。网格重划分过程包括三部分：网格重划分准则、网格重划分方法和场变量插值。Marc 软件中提供了网格重划分功能，本案例中网格重划分如下。

在网格自适应命令下的全局网格自适应划分准则模块中，点击新建，选择二维实体网格重划分方法中的覆盖法四边形，打开全局网格自适应划分特性对话框，如图 3-21 所示。

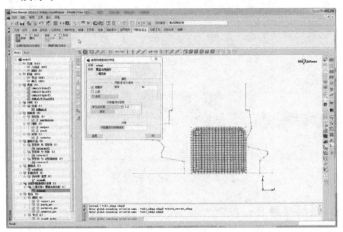

图 3-21　网格重划分之一

单元重划分准则中选增量步，填入"10"，网格重划分参数选单元边长度，填入 3.2，网格重划分接触体，选 workpiece 坯料，确定。如图 3-22 所示。

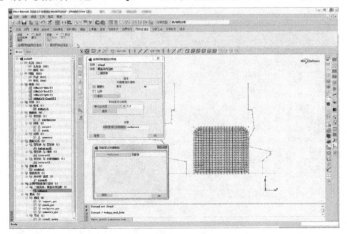

图 3-22　网格重划分之二

（7）工况分析参数设置

在分析工况模块中点击新建-瞬态/静力学，打开分析工况特性对话框，如图3-23所示。

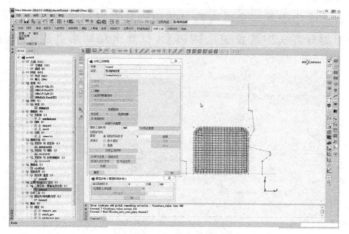

图3-23　工况分析设置

勾选接触，激活接触表；勾选全局网格重划分，再次勾选网格接触重划分的接触体 workpiece。

整体工况时间填入 300 s，加载步数 100 步，确定。

（8）分析任务参数设置及提交计算

分析任务模块点击新建—热/结构分析，打开分析任务特性对话框，如图3-24所示。

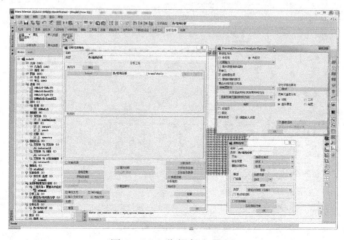

图3-24　分析任务设置

　　在可选的工况中点击选中 lcase1；在分析选项中勾选大应变；在解除控制中，选择面段对面段，点击初始接触，激活接触表；在分析维数中选择轴对称。

　　检查报错：punch 上模没有指定曲线，点击导航栏中接触体中的刚体 punch，指定代表上模曲线。同时标识接触体方向，确认接触面正确，如图 3－25 所示。

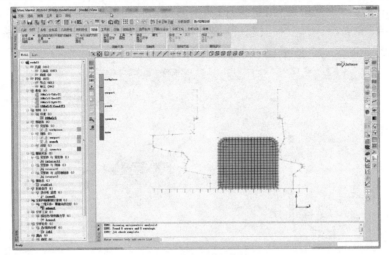

图 3－25　接触体标识

点击提交，打开运行分析任务对话框，如图 3－26 所示。

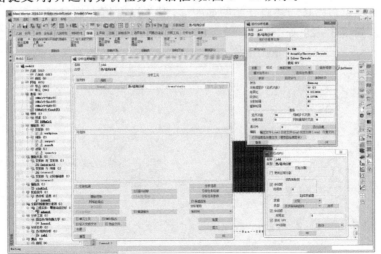

图 3－26　任务提交计算

点击提交任务，开始模拟仿真计算，当出现结束号 3004，表明计算完成。

(9)结果显示与分析

点击仿真结果显示与处理,在 Marc 软件中调出计算结果文件,观察锻造时毛坯料的变形过程,以及锻造过程中坯料的温度场变化、应力场变化和应变场变化,查看锻造终了的温度场分布和应变分布。

以下为运行不同时间(增量步)的结果图。

①$t=5$ s($N=10$)坯料与模具刚接触,可以看到接触点上温度降低,整个坯料变化不大,如图 3 - 27 所示。

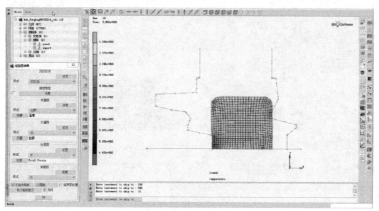

图 3 - 27　计算结果之一,$t=5$ s

②$t=50$ s($N=100$)坯料开始明显变形,但还没有填充满模具空间,坯料降温区域扩大,如图 3 - 28 所示。

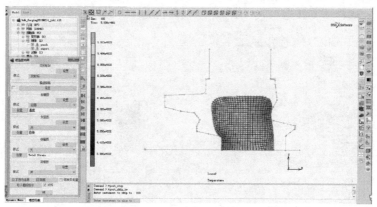

图 3 - 28　计算结果之二,$t=50$ s

③$t=150$ s($N=300$)坯料和模具的接触部位增加,变形更加明显,温度继续下降,如图 3 - 29 所示。

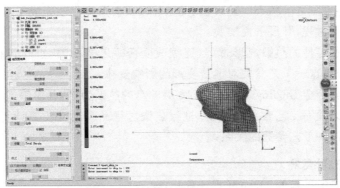

图 3-29　计算结果之三，$t=150$ s

④$t=250$ s($N=500$)坯料将全部充满模腔，接触部位大幅增加，坯料温度整体下降，如图 3-30 所示。

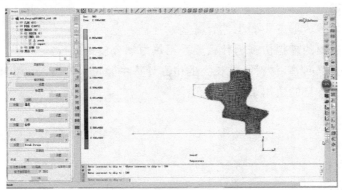

图 3-30　计算结果之四，$t=250$ s

⑤$t=298$ s($N=596$)坯料全部填满模腔，轮毂整体形成，有飞边，温度下降到 250～300 ℃之间，如图 3-31 所示。

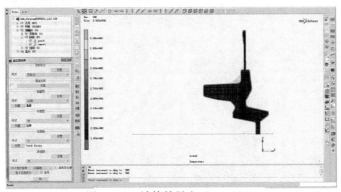

图 3-31　计算结果之五，$t=298$ s

至此,零件锻造的核心实验过程、变形过程及参量变化就完成了。

参照以上过程,开展下面实验:

①对轮毂零件的热锻成形过程,连续改变任一工艺参数,重新进行热锻过程模拟,对比分析这一工艺参数对锻造变形的影响规律;

②以高温合金 Incoloy901 或 IN718 涡轮盘的热锻为例,开展锻造后晶粒尺寸分布研究。以任一工艺参数的改变,进行热锻过程晶粒尺寸仿真计算,分析晶粒尺寸分布与这一工艺参数的关系。

6. 实验报告要求

①简述热锻过程的 Marc 模拟流程;

②分析任一工艺参数对轮毂热锻的变形影响规律;

③分析任一工艺参数对涡轮盘热锻的晶粒尺寸分布影响。

7. 思考题

①零件体积成形的主要工艺有哪些?

②热锻过程的虚拟仿真为什么要采用热力耦合模式进行?

③查阅文献回答,材料晶粒长大的仿真计算中除可采用 Yada 模型外,还可采用哪些模型? 各自的适用条件是什么?

第四单元　材料相图与结构

4.1　课内实验

实验 10　Pb-Sn 二元相图测定及其组织分析

1. 实验目的
①掌握用热分析法测定材料的临界点的方法。
②学习根据临界点建立二元合金相图。
③自制二元合金金相样品,并分析组织。

2. 实验概述
(1) 相图的概念

相图也称状态图或平衡图,是一种表示合金状态随温度、成分变化的图形。根据相图可以确定合金的浇铸温度,分析进行热处理的可能性和形成各种组织的条件等。

由于纯金属与合金的状态发生变化时,将引起性能发生相应的变化,如液态金属结晶或发生固态相变时会产生热效应,合金中的相变会伴随着电阻、体积、磁性等物理性质变化等。纯金属和合金发生固态相变时,包括液体结晶,它们的某些性质发生变化时,所对应的温度称临界点。利用此特征可以测定它们的临界点,然后把不同成分中同类的临界点联结起来,就可绘制出合金成分、温度变化与组织关系的状态图。

临界点测定方法有很多种,有热分析法、热膨胀法、电阻测定法、显微分析法、磁性测定法等,但最常用和最简单的方法是热分析法。

(2) 热分析法

把熔化的金属或合金自高温缓慢地冷却,在冷却的过程中每隔相等的时间进行测量,记录一次温度,由此得到温度与时间的关系曲线,称冷却曲线。当金属或合金无相变发生时,温度随时间的增加均匀地降低,一旦发生了某种转变,则由于热效应的产生,冷却曲线上就会出现水平台阶或转折点,水平台阶或转折点的温度就是发生相变开始或终了的温度,即为临界温度或临界点。表 4-1 为 Pb-Sn

合金参考临界点值。热分析法测定由液体转变为固态时的临界点效果较为明显，固态溶解度变化小潜热小，难用此法测定。

表 4-1　铅锡合金的成分及临界点

编号	成分	熔点/℃
1	Pb	327
2	90％ Pb ＋10％Sn	285
3	80％Pb＋20％Sn	267
4	70％＋30％Sn	250
5	38.1％Pb＋61.9％Sn	183
6	20％Pb ＋80％Sn	220
7	5％Pb＋95％Sn	229
8	Sn	232

（3）测定方法

利用热分析法进行 Pb‐Sn 合金转变点的相图测定与描绘，方法是首先测定一定成分的 Pb‐Sn 合金的转折点，测量若干组不同成分合金的数据，根据测量数据作出冷却曲线，即温度与时间的关系曲线，而后按曲线上的转折点进行绘制相图，如图 4‐1 所示。

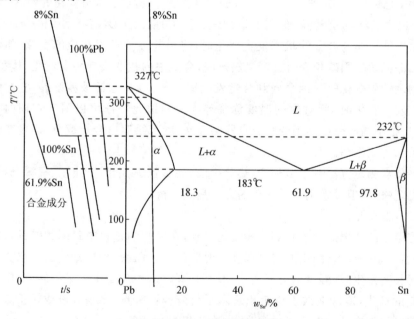

图 4-1　Pb‐Sn 相图的测定

3. 实验内容

①按表 4-1 配制所选定的合金成分；

②用热分析法测定铅锡合金的临界点；③用浇铸法制成二元合金样品；

④制备二元合金金相样品；

⑤分析合金组织。

4. 实验仪器与材料

所涉及的实验材料及仪器有：

①Pb-Sn 合金原料；

②坩埚、石英棒、坩埚钳、特制模具、锯条等；

③特制可测量冷却曲线的马福电炉。

5. 实验流程

①每小组约 4～7 人，每组按表中要求配制一种成分合金 250 g，放入坩埚，把坩埚放入电炉内加热，加热温度在熔点以上 100 ℃左右，熔化后，用石英棒搅拌，使成分均匀。为防止氧化，应在上面上覆盖一层木碳粉或石墨或加盖。

②合金融化后，应立即关闭电源，打开炉门，把坩埚盖去掉，把温度计或热电偶连同保护瓷套管插入液体中，注意热电偶的工作端应处于液体的中部，自由端应接到温度测量装置上，注意电极正负。若用水银温度计测量，不要超过最大值，使用前要把它烘热到 100～150 ℃，再进行测量。取出时不要放在水泥台上，以免损坏。

③当液体冷却时，每隔 30 s 记录一次温度，不必测量到室温，至完全凝固终止后，再降低 20 ℃即可，测量结果记录在表 4-2 中。

④完成测量后，再将坩埚放入电炉中，加热熔化后，关闭电源将其取出，把液体表面的石墨层用刀片或锯条除掉，重新放入电炉中，加热充分熔化后取出，除掉液体表面的氧化层。每组将该液体浇铸到内壁涂有石英砂或其他脱膜剂的模子内空冷。

⑤脱膜后，可进行金相样品的制备与组织分析工作。

注意事项：

在热处理炉内拿出或放入陶瓷坩埚时，要切断电源，十分小心地操作。温度计和坩埚都不能直接用手去拿，防止烫伤；

由班长分组，每组 4～7 人，选出小组长，作为一个实验小组，指定配制某一成分的合金。小组长负责整个实验包括测温、浇铸、金相试样制备与分析等的安排和安全等事项；

如晶粒度样品的制备与测定、定量分析样品的制备与测定、综合实验热处理操作、测量硬度、样品制备、数码拍照、打印图片等都由实验组的小组长全部负责。班长负责指导教师与小组长之间的联系工作等。

6. 实验报告要求

①简述热分析法测定二元相图的方法。

②每位同学根据本人所在实验组记录的温度随时间的变化数据，绘出测定合金的冷却曲线，注明其成分与临界点，并分析制备的样品组织，撰写个人实验小报告。

③以第一个实验小组的每位同学作为各个报告组的组长，组织其他各实验小组的相应序号的同学为一个报告组，把各组的冷却曲线以温度和成分为坐标，作出二元合金相图。分析相图各点、线、区的意义，进行小组讨论与汇报，撰写小组实验报告。

7. 思考题

①什么是理论结晶温度？结合对 Pb 或 Sn 的冷却曲线测定，你认为纯金属在理论结晶温度下能否结晶凝固？

②根据本次实验，分析为什么共晶成分的合金铸造性能最好？

表 4 – 2 测量记录数据

读次	时间间隔	温度/℃	读次	时间间隔	温度/℃
注明金属或合金的成分与临界温度					

实验 11　晶体结构的堆垛与位错模拟分析

1. 实验目的

①加深对晶体学相关基础概念的理解；

②熟悉面心立方结构与密排六方结构原子堆垛次序的区别；

③增强对面心立方晶体中的单位位错、肖克莱不全位错及扩展位错的感性认识。

2. 实验概述

固态物质根据其内原子(分子或离子)排列是否有序分为晶体和非晶体。晶体中的原子(分子或离子)在三维空间的具体排列方式称为晶体结构。材料的性质与其晶体结构相关,晶体结构对于材料研究、开发与使用是最基本的基础知识之一,本实验的目的是加深同学们对晶体结构及其内的堆垛层错与位错缺陷的理解与认识。

在晶体学中基本的概念包括空间点阵、晶胞、晶面与晶面指数、晶向与晶向指数等。典型的晶体结构有金属晶体中的面心立方(A1 或 fcc)、体心立方(A2 或 bcc)和密排六方(A3 或 hcp)。面心立方和密排六方结构都是密堆结构。面心立方结构的密排面是{111},密排方向是〈110〉,而密排六方结构的密排面是{0001},密排方向是〈11$\bar{2}$0〉。这两种密堆结构密排面上的原子排列方式完全相同,原子中心的连线构成一个个等边三角形(图 4 - 2),其中有正立的三角形(图 4 - 3),也有倒立的三角形(图 4 - 4)。

 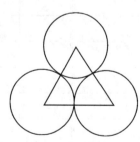 

图 4 - 2　原子中心连线图　　　图 4 - 3　正三角　　　图 4 - 4　倒三角

面心立方结构和密排六方结构按密排面的堆垛次序是截然不同的。面心立方结构是密排面按照 ABCABCABC … 次序堆垛而成的,如果你的双肩与[$\bar{1}$10]方向平行,就会看到:第二层(B 层)的原子位于第一层(A 层)原子正立的三角形形心的上方,第三层(C 层)的原子又位于第二层的正立的三角形形心的上方,如此重复。所有相邻的两层密排面,上层原子都位于下层原子正立的三角形形心的上方,构成所谓△△△△△…堆垛(图 4－5)。

　　密排六方结构则是密排面按 ABABAB…次序堆垛而成,如果你的双肩与 [$\bar{1}2\bar{1}0$] 方向平行,就会看到:第二层(B 层)的原子位于第一层(A 层)原子正立的三角形形心的上方,第三层(A 层)的原子又位于第二层(B 层)的原子倒立的三角形形心的上方,第四层(B 层)的原子又位于第三层(A 层)的原子正立的三角形形心的上方,如此重复,构成所谓的△▽△▽△…堆垛(图 4－6)。

　　将密排面按上述两种不同的次序堆垛,就会分别获得面心立方结构和密排六方结构,这是本次实验的一个基本任务。

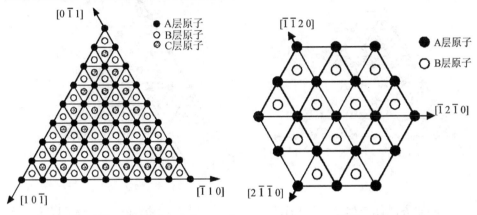

图 4－5　　　　　　　　　　　　　　　　　图 4－6

　　如果密排面堆垛过程中其中某一层原子发生错排,就会出现层错,这是晶体中的一种缺陷。所谓的堆垛层错缺陷就是指这种原子正常的堆垛次序遭到破坏的现象。在这种层错区,虽然原子仍处于力学平衡位置,但由于不是正常位置,会发生晶体结构的变化,在面心立方结构中会部分地出现密排六方结构,同样在密排六方结构中会部分出现面心立方结构。

　　晶体中的缺陷是指实际晶体中与理想的点阵结构发生偏差的区域。按其在空间的分布方式分为点缺陷、线缺陷和面缺陷三大类。上述的层错为面缺陷一种,而晶体中的位错为线缺陷。本次实验中除要堆垛出层错外还要进行各种位错的堆垛的模拟。

　　在面心立方晶体中位错的基本类型有单位位错、不全位错和扩展位错。考虑到结构条件和能量条件的限制,面心立方晶体中单位位错的柏氏矢量必须是 $\frac{a}{2}\langle 110 \rangle$。如果让一部分晶体在 {111} 面产生 $\frac{a}{2}\langle 110 \rangle$ 大小的刚性滑移,就会在 {111} 内产生一个柏氏矢量为 $\frac{a}{2}\langle 110 \rangle$ 的单位位错——已滑移区和未滑移区的分界线。经过滑移,各部分的原子仍处于正常的堆垛位置,没有产生层错。图 4－7

所示为堆好的面心立方结构中最上面的两层(111)原子面,如果将 ab 线上的 B 层原子连同 ab 线右侧的所有 B 层原子都沿 $[\bar{1}10]$ 方向产生 $\frac{a}{2}[\bar{1}10]$ 大小的滑移,就会得到图 4-8 的结果,在 ab 位置处产生一个方向为 $[\bar{1}01]$ 柏氏矢量 $\vec{b} = \frac{a}{2}[\bar{1}10]$ 的混合型单位位错。经过滑移的 B 层原子仍处于 A 层原子正立的三角形形心上方,这是面心立方结构中的正常堆垛位置,因而没有层错的存在。

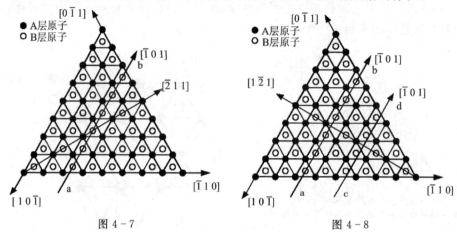

图 4-7　　　　　　　　　　　　　　图 4-8

面心立方晶体结构中{111}面的 $\vec{b} = \frac{a}{2}[\bar{1}10]$ 全位错(单位位错)可以分解为 2 个柏氏矢量为 $\frac{a}{6}\langle112\rangle$ 的不全位错(分位错),即肖克莱位错。如果让一部分晶体在{111}面产生 $\frac{a}{6}\langle112\rangle$ 大小的刚性滑移,就会在{111}面内产生一个柏氏矢量为 $\frac{a}{6}\langle112\rangle$ 的肖克莱不全位错。由于这个滑移矢量不是点阵矢量,经过滑移的原子虽然处在力学平衡位置上,却是不正常的位置,因而产生了层错。如将图 4-7 中 ab 线上的 B 层原子连同 ab 线右侧的所有 B 层原子在 $[\bar{2}11]$ 方向上产生 $\frac{a}{6}[\bar{2}11]$ 大小的滑移,结果如图 4-9 所示。这样在 ab 位置处就留下一个方向为 $[\bar{1}01]$,柏氏矢量 $\vec{b} = \frac{a}{6}\langle112\rangle$ 的混合型肖克莱不全位错。经过滑移的 B 层原子位于 A 层原子倒立三角形形心的上方,这是面心立方晶体中的不正常的堆垛位置,因而出现了层错。

　　如果将图 4-8 中 ab 线与 cd 线之间的两排 B 层原子沿 $[1\bar{2}1]$ 方向滑移 $\frac{a}{6}[1\bar{2}1]$,可得图 4-10 所示的结果。这是一个由 $[\bar{1}01]$ 方向上 $\vec{b} = \frac{a}{2}[\bar{1}10]$ 的

单位位错分解而来的扩展位错。ab 处原来的单位位错已变成了 $\vec{b} = \dfrac{a}{6}[\bar{2}11]$ 的肖克莱不全位错,cd 处又产生了一个 $\vec{b} = \dfrac{a}{6}[\bar{1}2\bar{1}]$ 的新肖克莱不全位错,两个肖克莱不全位错之间的 B 层原子位于 A 层原子倒立的三角形形心上方,是一个层错区。因此面心立方晶体中的全位错分解表达式为

$$\frac{a}{2}[\bar{1}\bar{1}0] \rightarrow \frac{a}{6}[\bar{1}2\bar{1}] + \frac{a}{6}[\bar{2}11] + \text{S. F.}$$

其中,S. F. 为堆垛层错(Stacking Fault)。

这对不全位错和其中间夹的层错位称为扩展位错。

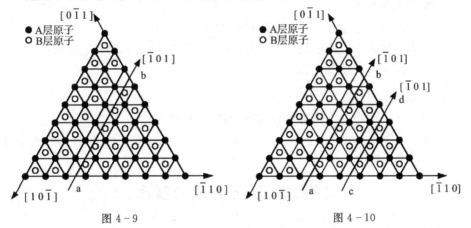

图 4 - 9   图 4 - 10

3. 实验内容

①在四面体有机玻璃盒中用三色玻璃球(A 层红色、B 层蓝色、C 层黄)按 AB-CABC……顺序堆出面心立方结构;在正六棱柱有机玻璃壳中用两色玻璃球(A 层红色、B 层蓝色)按 ABABAB…顺序堆出密排六方结构。

②在已堆好的面心立方结构的最上层原子面(111)上模拟出下列位错:

a. $d\vec{l} \rightarrow [\bar{1}\bar{1}2], \vec{b} = \dfrac{a}{2}[\bar{1}10]$;② $d\vec{l} \rightarrow [\bar{1}\bar{1}2], \vec{b} = \dfrac{a}{6}[\bar{2}11]$

b. $d\vec{l} \rightarrow [\bar{1}\bar{1}2], \vec{b} = \dfrac{a}{6}[\bar{1}2\bar{1}]$;4) $d\vec{l} \rightarrow [\bar{1}\bar{1}2], \dfrac{a}{2}[\bar{1}10] \rightarrow \dfrac{a}{6}[\bar{2}11] + \dfrac{a}{6}[\bar{1}2\bar{1}]$

c. $d\vec{l} \rightarrow [0\bar{1}1], \vec{b} = \dfrac{a}{2}[\bar{1}10]$;⑥ $d\vec{l} \rightarrow [0\bar{1}1], \vec{b} = \dfrac{a}{6}[\bar{2}11]$

d. $d\vec{l} \rightarrow [0\bar{1}1], \vec{b} = \dfrac{a}{6}[\bar{1}2\bar{1}]$;⑧ $d\vec{l} \rightarrow [0\bar{1}1], \dfrac{a}{2}[\bar{1}10] \rightarrow \dfrac{a}{6}[\bar{2}11] + \dfrac{a}{6}[\bar{1}2\bar{1}]$

4. 实验材料

四面体有机玻璃盒(即立方体之一角)10 个,正六棱柱有机玻璃盒 10 个,夹子若干,三色玻璃球或钢球若干。

5. 实验流程

①认真阅读实验指导书,了解实验目的和内容;

②领取一套实验材料,听取指导教师安排;

③堆出面心立方结构和密排六方结构;

④堆出 8 个位错;做好实验原始记录。

6. 实验报告要求

①示意画出面心立方和密排六方结构的密排面堆垛次序;

②画出上述 8 个位错中的 4 个,指出它们的类型、层错区和扩展位错;

③对本次实验的意见和建议。

7. 思考题

①为什么说面心立方和密排六方结构都是密堆结构?

②面心立方晶体中的一个全位错分解成 2 个肖克莱不全位错时,为什么必然夹有一个堆垛层错?

实验 12   三元相图的制作

1. 实验目的

①增强三维相图的空间想象能力。

②加深对三元相图基本概念的理解。

③通过制作三元相图正确理解,其投影图并能够分析结晶过程。

2. 实验概述

三元系是指含有三个组元的系统,如合金材料中的 Fe-Cr-C,Al-Mg-Cu。由于组元间的相互作用,组元间的溶解度会改变,也可能出现新的转变,产生新相,因此三元系的合金的性能不能简单地通过二元系合金的性能来推断。对于三元系材料的成分、组织和性能的关系需要通过三元系相图来研究分析。在恒压条件下,三元系有三个独立变量:温度和两个成分。三元相图不同二元系的平面相图而是一个立体图,对其理解把握需要良好的空间想象能力。

(1)三元系相图的成分表达与三元相图坐标

在三元相图中三元系的成分常用如图 4-11 所示的等边三角形表达,为成分三角形或浓度三角形。在垂直于浓度三角形的方向加上一个表示温度(T)的坐标轴就构成了三元相图的坐标框架,如图 4－12 所示。

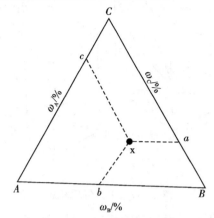

图 4－11　成分三角形

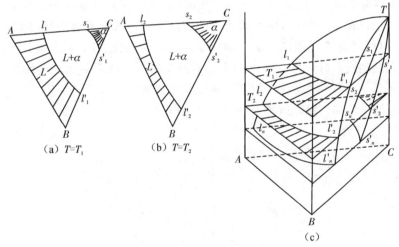

图 4－12　三元相图坐标体系

(2)三元匀晶相图

三元系统中三个组元在液态和固态都无限固溶的三元相图为三元匀晶相图。在实际工程材料中,Fe－Cr－V、Cu－Ag－Pb 都是具有匀晶转变的三元合金系。

图 4－13 为三元匀晶相图,它有两个曲面,分别是液相面和固相面,它们相交于三个纯组元的熔点。液相面和固相面将相图分为三个区,即液相面以上的液相区,固相面以下的固相区,以及两面之间的液、固相平衡共存区。

图 4－14(a)为三元匀晶相图的等温截面图,它表示三元系统在某一温度下的状态。图 4－14(b)为等温截面的投影图,等温截面与液相面和固相面的交线分别为 $l_1 l_2$ 和 $s_1 s_2$,称为共轭曲线,它将等温截面分成三个相区:固相 α 区、液相 L 区及

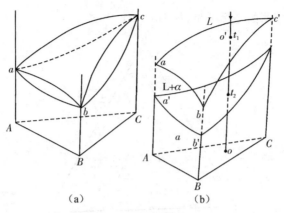

图 4 - 13　三元匀晶相图

液固共存 $L+\alpha$ 区。在等温截面的两相区中的任一点成分的合金在这一温度下,两平衡共存相(L 与 α)的成分符合直线法则,即合金成分点与两平衡相必须位于一条直线上,如图 4 - 14(b)中 O 点合金的直线 mn,也称为共轭连线,此共轭连线具有唯一性,而且不可能位于从三角形顶点引出的直线上,这可由选分结晶原理确定。在共轭线上可应用杠杆定律来计算两平衡相的相对含量。实际的等温截面图并不是从立体图中截取而获得,而是通过实验的方法直接测定的,本实验是为了加强同学们的三维理解能力和对课堂知识的掌握而特意安排的。

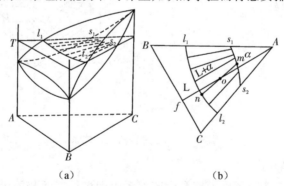

图 4 - 14　三元相图等温截面与等温截面投影图

　　利用匀晶相图可以进行合金结晶过程分析。图 4 - 15(a)为成分为 O 点的合金凝固结晶过程。温度下降到液相面时液相中结晶出成分为 s 的固相,随温度继续下降,结晶出的固相成分沿固相面变化,相平衡的液相成分沿液相面变化,其过程符合选分结晶原理,即随温度的下降,液相成分沿液相面逐渐向低熔点组元偏移。根据直线法则,在每一温度下,过成分轴线可做共轭连线,将其和液相成分变化曲线和固相成分变化曲线共同投影到浓度三角形中,得到图 4 - 15(b)所示的蝴蝶图形,称为蝴蝶形迹线。这表明三元匀晶合金系固溶体结晶过程中,反应两平衡相对应关系的共轭连线是非固定长度的水平线,随温度下降,它们一方面下移,另一方面绕成分轴转动,这些共轭连线不处在同一垂直截面上。

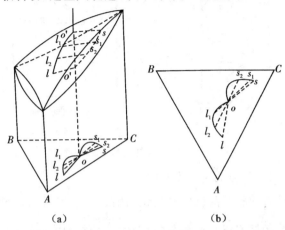

(a)   (b)

图 4-15 凝固结晶过程与蝴蝶形迹线图

在三元匀晶相图中,为表示某一系列合金在不同温度下的状态,可作其变温(垂直)截面,实际中变温截面也是用实验方法测得的。图 4-16 和图 4-17 分别为两种不同合金系的变温截面。利用它们可以方便地分析合金的结晶过程,确定转变温度,但要注意的是,三元变温截面中的液相线和固相线是截取三维相图中的液相面和固相面所得,并非固相及液相的成分变化迹线,它们之间不存在相平衡关系,不能根据这些线确定两平衡相的成分及相对量,这也是这次实验希望能从三维立体关系体会到的结果。

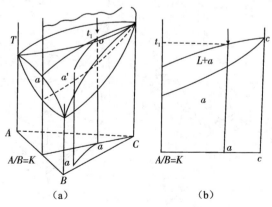

(a)   (b)

图 4-16 $A/B=K$ 成分线变温截面

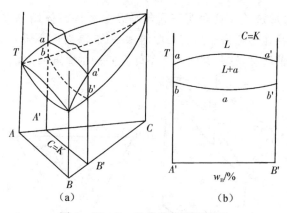

（a）　　　　　　　　　　　（b）

图 4 - 17　$C = K$ 成分线变温截面

（3）具有两相共晶反应的三元系相图

图 4 - 18 为具有两相共晶反应的三元相图。三个组元两两组成二元系，其中两个二元系具有共晶反应（B - C 和 C - A），一个具有匀晶反应（A - B）。图 4 - 19 为其分离图，表示出：两个液相面 $abe'e$ 和 cee'、两个固相面 $aa'b'a$ 和 $cc'd$，其间为两个液固两相区，即 $aa'b'e'eba$ 围成的 $L + \alpha$ 和 $ce'edc'c$ 围成的 $L + \beta$；两个固溶度曲面 $a'fgb'$ 和 $c'hid$，固溶度曲面与固相面及相图侧面围成两个单相区，即 $aABbb'$-$gfda$ 围成的 α 单相区和 $cChc'diCc$ 围成的 β 单相区。两个固溶度曲面之间为 $\alpha + \beta$ 两相区。两液相面的交线 ee' 称为液相线，在这个相图中为共晶线。

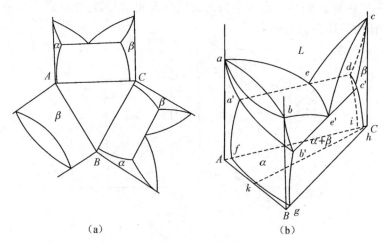

（a）　　　　　　　　　　　（b）

图 4 - 18　具有两相共晶反应的三元相图

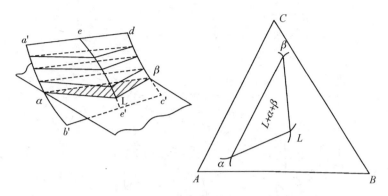

图 4 - 19　三相平衡区与光轭三角形

在这个相图中有特色的是三相区,由 $a'b'e'e$、$ee'cd$ 及 $a'b'c'd$ 三个侧面围成。按相区接触法则,三相区与两相区为面接触,与单相区为线接触,因此此相图中的三相区存在的区域是在 $L+\alpha$、$L+\beta$ 两相区之下,$\alpha+\beta$ 两相区之上的空间中,aa'、bb' 及 ee' 分别为 α、β 及 L 相与三相区的接触线,其三个侧面 $a'b'e'e$、$ee'c'd$ 及 $a'b'c'd$ 分别与 $L+\alpha$、$L+\beta$ 和 $\alpha+\beta$ 两相区相接。

在三相区,按照相律三元系三相平衡其自由度为 1,对其取等温截面时,自由度变为 0,即在恒温下的三相平衡,三个共存相的成分任意一相都不可变动,在等温截面上是满足热力学平衡的三个成分点(见图 4 - 20(a))。三相平衡时,三个相也两两平衡,按两相平衡直线的法则,两两平衡相间可做出三条共轭连线,这三条连线在等温截面上围成一直边三角形,称为共轭三角形(见图 4 - 20(b)),其三个顶点表示三个平衡相的成分点。位于共轭三角形内的合金,其成分在共轭三角形内变动时,三个平衡相的成分固定不变。截取足够多的等温截面,其上的共轭三角形叠加形成一空间三棱柱区即是三相区,其三条棱变分别表示三相共存时每一相的成分随温度的变化迹线(成分变温线)。在共轭三角形内可以应用重心法则确定合金处于三相平衡时的三相相对含量,即处于三相平衡的合金,其成分点必位于共轭三角形的重心位置(质量中心),如图 4 - 21 所示。

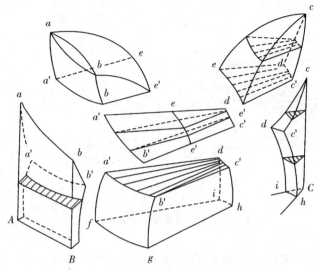

图 4-20 具有两相共晶反应的三元相图的分离图

图 4-22 为这一三元系合金相图的变温截面图,可以用来分析其凝固结晶过程。液相进入三相区后发生液相随温度下降不断结晶出两个固相($\alpha+\beta$)的共晶型三相平衡反应,它是在一个温度范围内完成,在反应过程中,三个相的成分都在随温度的下降而发生改变,但是在不同温度下的成分及相的相对量只能利用相应温度下的等温截面上的共轭三角形求解。

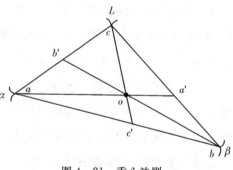

图 4-21 重心法则

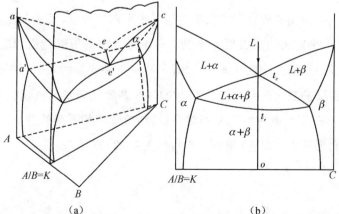

(a)   (b)

图 4-22 具有两相共晶反应的三元相图沿 $A/B=K$ 的变温截面图

(4)具有共晶型四相平衡反应的三元系相图

三组元在液态完全互溶、固态部分互溶或完全不互溶,冷却过程中发生三相共晶转变的相图称为三相共晶相图,模型相图如图 4-23 所示,图 4-24 为其分离图。

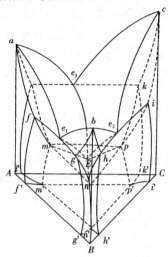

图 4-23 三相共晶相图模型图

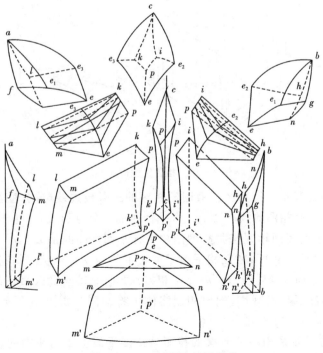

图 4-24 三相共晶相图分离

　　此相图中有三个液相面:ce_3Ee_2c、be_2Ee_1b 和 ae_1Ee_3a。固相面与液相面为共轭面,对应的固相面为:$cipkc$、$bgnhb$ 和 $afmla$。由二元系固溶度曲线扩展而成的固溶度曲面有 6 个分别是 $ff'm'mf$、$ll'm'ml$、$gg'n'ng$、$hh'n'nh$、$ii'p'pi$ 和 $kk'p'pk$。三个液相面在空间相交形成的三条空间曲线 e_1E、e_2E 和 e_3E 称为三元系的液相线,处于这三条液相线上的液相,当温度降至与液相线相交时将进入相应的三相区而发生共晶型的三相平衡反应,故这三条液相相线也称为共晶线。相图棱角处的固溶度曲面两两相交形成三条交线 mm'、nn'、pp' 是固相三相区($\alpha+\beta+\gamma$)的三条成分变温线。

　　此相图中共有 4 个单相区,除单相液相外,其余三个固相 α、β、γ 单相区由固相面以及由固溶度曲面在靠近相图的三个棱变的地方所隔离出的区域围成(见图 4-25)。相图中的两相区共有 6 个。液相面与固相面之间的空间是 $L+\alpha$、$L+\beta$ 和 $L+\gamma$ 三个两相区;每一对共轭的溶解度曲面包围一个固相两相区,分别是 $\alpha+\beta$、$\beta+\gamma$ 和 $\alpha+\gamma$,当合金随温度下降进入固相两相区时分别发生 $\alpha\rightarrow\beta_{II}$,$\beta\rightarrow\alpha_{II}$,$\beta\rightarrow\gamma_{II}$,$\gamma\rightarrow\beta_{II}$,$\alpha\rightarrow\gamma_{II}$,$\gamma\rightarrow\alpha_{II}$ 的脱溶过程。

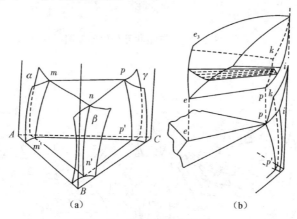

图 4-25　相区接触情况图

　　此相图中还有 4 个三相区。液固三相区的三条棱边线(成分变温线)分别从相图侧面二元共晶相图的共晶线上三个平衡相的成分点引入,终止于四相平衡平面,因而存在于液固两相区与共晶型四相平衡平面之间的是 $L+\alpha+\beta$、$L+\beta+\gamma$、$L+\alpha+\gamma$ 三个固液三相区;在四相平衡平面之下的是 $\alpha+\beta+\gamma$ 固相三相区。它与单相区 α、β、γ 分别以变温线 $mm'nn'pp'$ 相接触。合金冷至此区域,若单相固溶体的固溶度随温度下降而减小,则单相固溶体中将会同时析出两个次相:$\alpha\rightarrow\beta_{II}+\gamma_{II}$,$\beta\rightarrow\alpha_{II}+\gamma_{II}$,$\gamma\rightarrow\beta_{II}+\alpha_{II}$。

　　将立体的三元系相图分层次的投影到浓度平面上是为相图的投影图,如图 4-26所示。其最上层为液相面,液相面的三条交线(液相线、共晶线)把液相面分成三个部分,分别表示三个液固两相区在浓度三角形上的最大成分范围,如图4-26(a)所示。在完整的投影图 4-26(c)上,固相面的投影区是 $AfmlA$、$BgnhB$、$CipkC$;三相区的投影区域 $fmeng$、$hnepi$、$kpeml$ 分别表示能够发生 $L \rightarrow \alpha + \beta$、$L \rightarrow \beta + \gamma$、$L \rightarrow \alpha + \gamma$。共晶型三相平衡反应的成分范围如图4-26(b)所示。合金凝固过程中各平衡相成分的变化可利用图4-26投影图确定。

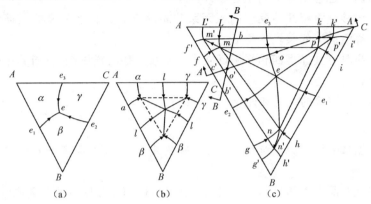

图 4-26　三元共晶相图的投影图

3. 实验任务

①三元匀晶相图制作及等温截面与变温截面描绘,举例分析某一成分合金结晶过程;

②制作具有两相共晶反应的三元系相图,描绘任一温度下等温截面的共轭三角形以及含共晶反应三相区的变温截面图;

③制作具有共晶型四相平衡反应的三元系相图,描绘液相区投影图和完整的投影图,分析其中一种合金的结晶过程。

4. 实验仪器与材料

钢棒、细铁丝、塑料薄膜、小手钳、胶水。

5. 实验流程

①领取实验材料一套;

②制作立体的三元匀晶相图,具有两相共晶反应的三元系相图以及具有共晶型四相平衡反应的三元系相图;

③根据制作的相图,分别描绘三元匀晶相图的等温截面与变温截面图、两相共晶反应的三元系相图在任一温度下等温截面的共轭三角形或含共晶反应三相区的变温截面图、具有共晶型四相平衡反应的三元系相图的液相区投影图和完整的投影图。

④选取一种合金根据制作的相图分析其结晶凝固过程以及组织组成。

6. 实验报告要求

①示意画出三元匀晶相图及其上任一等温截面与共轭连线,分析任一成分的结晶过程。

②根据兴趣选做以下问题之一:

a.画出具有两相共晶反应的三元系共晶反应的三相区的变温截面图以及任一温度下等温截面的共轭三角形;

b.画出具有共晶型四相平衡反应的三元系完整的投影图,分析其中一种合金的结晶过程;

c.对本次实验的意见和建议。

7. 思考题

①根据选分结晶原理解释为什么共轭连线是唯一的,且不通过成分三角形的顶点。

②三元共晶相图的投影图中指出能够发生四相共晶反应的合金成分范围。

4.2 开放实验

晶体结构的软件构建与衍射分析

1. 实验目的

①进一步加深对晶体学相关基础概念的理解和掌握;

②学习使用 Material Studio 软件构建晶体结构模型和晶体缺陷的方法;

③学习使用 Material Studio 软件对所建晶体结构进行衍射分析的方法。

2. 实验概述

(1)原子的周期性排列

1)晶格平移矢量

在理想情况下,晶体是由相同的原子团在空间无限重复排列而构成的,如图 4-27所示。这样的原子团被称为基元(basis)。在数学上,这些基元可以抽象为几何点,而这些几何点的集合被称为晶格。在三维情况下,晶格可以通过三个平移矢量 a_1、a_2、a_3 来表示;也就是说当我们从某一点 r 去观察原子在晶体中的排列时,与通过平移矢量(a_1,a_2,a_3)整数倍得到的 r' 点所观察到的原子排列情况在各方面都完全一样。这时有

$$r'=r+u_1a_1+u_2a_2+u_3a_3 \tag{1}$$

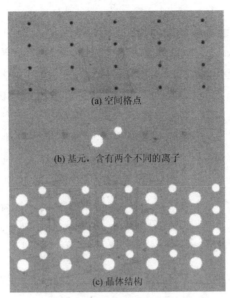

(a) 空间格点

(b) 基元, 含有两个不同的离子

(c) 晶体结构

图 4 - 27 晶体结构的组成

其中,u_1、u_2、u_3 为任意整数。这样根据式(1),由 u_1、u_2、u_3 的所有可能取值所确定的点 r' 的集合就定义一个晶格。

对于任意的两个点,如果它们始终满足适当选取了整数 u_1、u_2、u_3 的方程(1)式,而且从这两个点所观察到的原子排列是一样的,那么这个晶格就被称为初基晶格,简称初晶格(primitive lattice)。这时平移矢量 a_i 被称为初基平移矢量。初基平移矢量的这个定义确保了没有比这组矢量所构成的体积更小的晶胞可作为晶体结构的"砌块"。我们往往用初基平移矢量来定义晶轴,这些晶轴构成初基平行六面体的三个邻边。

2)结构基元与晶体结构

晶轴一旦选定,晶体结构的基元也就可以确定下来。如图 4 - 27 所示,在每个格点上配置一个基元就形成了晶体。当然,这里所说的晶格的格点只是为了描述上的方便,是数学抽象。对于给定的晶体,其中的所有基元无论在组成、排列还是在取向方面都是完全相同的。

基元中的原子数目可以是一个,也可以多于一个。基元中第 j 个原子的中心位置相对于一个格点可用下式表示:

$$r_j = x_j a_1 + y_j a_2 + z_j a_3 \qquad (2)$$

可以这样安排,使得 x_j、y_j 和 z_j 的取值满足 $0 \leqslant x_j, y_j, z_j \leqslant 1$。

3)原胞

图 4-28(a)为二维晶格的空间格点示意图,图 4-28(b)为三维晶格的原胞示意图,由初基晶轴 a_1、a_2、a_3 所确定的平行六面体被称之为原胞(primitive cell,又称为初基晶胞)。原胞是晶胞或单胞的类型之一。经过重复适当的晶体平移操作,晶胞可以填满整个空间。所谓原胞,实际上是体积最小的晶胞。对于某个给定的晶格,其初基晶轴及其原胞的选取方式可以有多种。但是,对于一种给定的晶体结构,无论怎么选取,其原胞或初基基元中的原子数目却总是相同的。

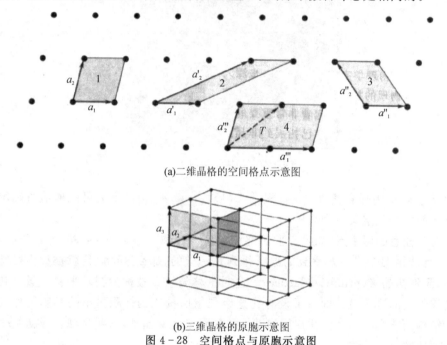

(a)二维晶格的空间格点示意图

(b)三维晶格的原胞示意图

图 4-28　空间格点与原胞示意图

每个原胞中都只包含一个格点。例如,如果原胞是一个其八个角隅上都对应于格点的平行六面体,那么每个角隅上的格点将分属于在该处相毗邻的八个晶胞,因此这样计算得出的结果仍是每个晶胞中只包含一个格点,即 $8 \times 1/8 = 1$。根据初等矢量分析可知,由晶轴 a_1、a_2、a_3 所给出的晶胞体积为

$$Vc = | a_1 \cdot a_2 \times a_3 | \qquad (3)$$

同原胞中一个格点相联系的基元被称为初基基元。初基基元是包含原子数目最少的基元。如图 4-29 所示,给出了另一种选取原胞的方式,以这种方式构成的原胞就是物理学家们所熟悉的维格纳-赛茨原胞(Wigner-Seitz cell)。

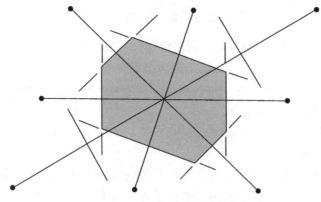

图 4-29 另一种选取原胞的方式

（2）晶面指数系统

一个晶面的取向可以由这个晶面上的任意三个不共线的点确定。如果这三个点处在不同的晶轴上，则可通过由晶格常量 a_1、a_2、a_3 表示的这些点的坐标就能标定它们所决定的晶面。然而，对于结构分析来说，采用下述规则确定的指数来标定一个晶面的取向将会更加有用，如图 4-30 所示。

①找出以晶格常量 a_1、a_2、a_3 量度的、在各个轴上的截距。这些轴既可以是初基的，也可以是非初基的。

②取这些截距的倒数，然后化成与之具有相同比率的三个整数，通常是将其化成三个最小的整数；若用 h、k、l 表示这三个数，则 h、k、l 就是所谓的晶面指数，一般表示为 (hkl)。

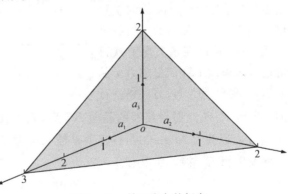

图 4-30 晶面取向的标定

对于截距为 4、1、2 的晶面，求倒数后分别得到 $1/4$、1 和 $1/2$，显然，其具有相同比值的三个最小整数是 $(1,4,2)$。如果某一截距为无穷大，那么其对应的指数就是零。晶面指数 (hkl) 可以表示一个平面，或一组平行平面。如果一个平面截轴于原点的负侧，那么相应的指数就是负的，并规定将负号置于该指数上方表示之，例如 $(h\bar{k}l)$。对于立方晶体，其立方体面分别是 (100)、(010)、(001)、$(\bar{1}00)$、$(0\bar{1}0)$ 和 $(00\bar{1})$。对于因对称性而等价的诸晶面，通常约定用花括号（大括号）括上指数表示，由此，上述立方晶体的一组立方体面的指数就是 $\{100\}$。所谓的 (200) 晶面，指的是一个平行于(100)且截 a_1 轴于 $\frac{1}{2}a$ 处的面。

晶体中某一方向的指数 $[u,v,w]$ 是指这样一组最小整数,这组最小整数间的比值等于该方向上的一个矢量在轴上的诸分量的比值。a_1 轴是 $[100]$ 方向,a_2 轴是 $[0\bar{1}0]$ 方向。在立方晶体中,方向 $[hkl]$ 垂直于与之具有相同指数的晶面 (hkl),但在其他晶系中并非普遍成立。

(3)晶体衍射

1)布拉格定律

如图 4 - 31 所示,一束平行的单色的 X 射线,以 θ 角照射到原子面 AA 上。如果入射线在 LL_1 处为同相位,则面上的原子 M_1 和 M 的散射线中,处于反射线位置的 MN 和 M_1N_1 在到达 NN_1 时为同光程。这说明同一晶面上的原子的散射线,在原子面的反射线方向上是可以互相加强的。

X 射线不仅可照射到晶体表面,而且可以照射到晶体内一系列平行的原子面。如果相邻两个晶面的反射线的相位差为 2π 的整数倍(或光程差为波长的整数倍),则所有平行晶面的反射线可一致加强,从而在该方向上获得衍射。入射线 LM 照射到 AA 晶面后,反射线为 MN;另一条平行

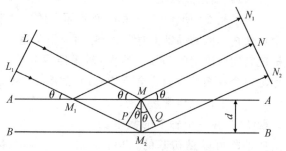

图 4 - 31　布拉格方程的导出

的入射线 L_1M_2 照射到相邻的晶面 BB 后,入射线为 M_2N_2。这两束 X 射线到达 NN_2 处的程差为 $2d\sin\theta$。当行程差是波长 λ 的整数(n)倍时,来自相邻平面的辐射就发生相长干涉。所以有

$$2d\sin\theta = n\lambda \tag{4}$$

这就是布拉格定律。布拉格定律成立的条件是波长 $\lambda \leqslant 2d$。

布拉格定律是晶格周期性的直接结果。应该指出的是,这条定律不涉及放置于每个格点的基元中的原子排列情况。但是,基元的组成决定着一组给定平行平面不同衍射序(n 取不同值)之间的相对强度。

2)厄瓦尔德图解

若采用反射面间距,布拉格方程可改写为

$$\sin\theta_{hkl} = \frac{\lambda}{2d_{hkl}} = \frac{1}{d_{hkl}} \Big/ \left(2\,\frac{1}{\lambda}\right) \tag{5}$$

这一关系可用二维简图来表达(图 4 - 32)。以 $1/\lambda$ 为半径作圆,以直径为斜

边的内接三角形均为直角三角形。令 X 射线沿直径 AO' 方向入射并透过圆周上 O 点。取 OB 的长度为 $1/d_{hkl}$。若斜边 AO 与直角边 AB 的夹角为 θ，则 $\triangle AOB$ 满足布拉格关系。又从圆心 O' 作 OB 的垂线 $O'C$ 即为反射晶面 (hkl) 的迹线位置，而 $O'B$ 即为 (hkl) 所产生的衍射线或反射线束的方向。n 为晶面法线，$n /\!/ OB$。

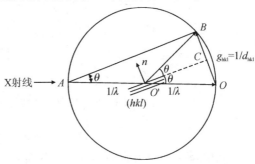

图 4-32 布拉格方程的二维几何图示

可以将 $1/d_{hkl}$ 即 OB 视为一个矢量 g_{hkl}，其原点在 O。任一从 O 出发的矢量，只要其端点触及圆周，即可发生衍射。在三维空间中，矢量的端点可终止于半径为 $1/\lambda$ 的球面上。也就是说，若 X 射线沿着球的直径入射，则球面上所有的点均满足布拉格条件，从球心作某点的连线即为衍射方向。正由于此，这个球就被逻辑地命名为"反射球"。因该表示法首先由厄瓦尔德 (P. P. Ewald) 提出，故亦称厄瓦尔德球。

厄瓦尔德作图法表明，晶体的 $1/d_{hkl}$ 在衍射分析中是极为重要的。可以对某种晶体作出其相应的 $1/\lambda$ 矢量(即 g_{hkl})的空间分布图(亦用 $1/\lambda$ 为单位)。这种矢量就是倒易矢量，倒易矢量的终点称为倒易点。倒易点的空间分布即为倒易点阵。各个倒易矢量的始点为倒易点阵原点。将此点置反射球的 O 点上，凡与球面相接触的倒易点，其相应的晶面即可产生衍射。而 O' 点与倒易点的连线就决定了衍射方向。

在应用时，图 4-32 中的 AO' 为 X 射线的入射方向，O' 为试样所在位置，$O'O$ 为透射线，O 为倒易矢量原点或透射点，$O'C$ 为 (hkl) 晶面迹线，g_{hkl} 为 (hkl) 的倒易矢量。只要已知 X 射线的入射方向 AO 和倒易矢量 OB，即可求出对应的衍射方向 $O'B$。其方法是先作倒易矢量的中垂线与 X 射线相交得 O'，再连 $O'B$ 即为衍射方向。

布拉格方程还可以用矢量表示。设图中入射方向的单位矢量为 S_0，则 $O'O = S_0/\lambda$；衍射方向的单位矢量为 S，则 $O'B = S/\lambda$。按矢量运算 $OB = O'B - O'O = (S - S_0)/\lambda$，而 $O'B = g$，因此有

$$S - S_0 = \lambda g \tag{6}$$

这就是布拉格方程的矢量表达式。按式(6)，利用 $|S| = |S_0| = 1$ 的矢量运算，可以直接推导出布拉格公式。

(4)单胞对衍射强度的影响

1) 结构因素公式的推导

如图 4-33 所示，取单胞的顶点 O 为坐标原点，A 为单胞中任一原子 j，它的坐标矢量为

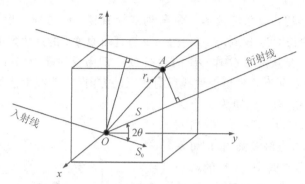

图 4-33　复杂点阵晶胞中两原子的相关散射

$$OA = r_j = x_j a + y_j b + z_j c \tag{7}$$

式中，a、b、c 为单胞的基本平移矢量，x_j、y_j、z_j 为 A 原子的坐标。

A 原子与 O 原子间散射波的光程差为

$$\delta_j = r_j \cdot S - r_j \cdot S_0 = r_j \cdot (S - S_0) \tag{8}$$

利用布拉格关系矢量公式(6)，可知其相位差应为

$$\phi_j = \frac{2\pi}{\lambda} \delta_j = 2\pi r_j \cdot g = 2\pi (Hx_j + Ky_j + Lz_j) \tag{9}$$

若单胞中各原子的散射波振幅分别为 $f_1 A_e$，$f_2 A_e$，$\cdots$，$f_j A_e$，$\cdots$，$f_n A_e$，（A_e 为一个电子相干散射波振幅，不同种类原子其 f 不同），它们与入射波的相位差分别为 φ_1，φ_2，$\cdots$，φ_j，$\cdots$，φ_n（原子在单胞中不同位置其 φ 不同），则所有这些原子散射波振幅的合成就是单胞的散射波振幅 A_b。

$$A_b = A_e (f_1 e^{-\phi_1} + f_2 e^{-\phi_2} + \cdots + f_j e^{-\phi_j} + \cdots + f_n e^{-\phi_n}) = A_e \sum_{j=1}^{n} f_j e^{-\phi_j} \tag{10}$$

至此，可引入一个以电子散射能力为单位的、反应单胞散射能力的参量—结构振幅 F_{HKL}：

$$F_{hkl} = \frac{一个晶胞的相干散射波振幅}{一个电子的相干散射波振幅} = \frac{A_b}{A_e} \tag{11}$$

即

$$F_{hkl} = \sum_{j=1}^{n} f_j e^{-\phi_j} \tag{12}$$

可将复数展开成三角函数形式

$$e^{-\phi} = \cos\phi + i\sin\phi \tag{13}$$

于是

$$F_{hkl} = \sum_{j=1}^{n} f_j [\cos 2\pi (Hx_j + Ky_j + Lz_j) + i\sin 2\pi (Hx_j + Ky_j + Lz_j)] \tag{14}$$

在 X 射线衍射工作中可测量得到的衍射强度 I_{hkl} 与结构振幅的平方 $|F_{hkl}|^2$ 成正比。欲求此值,需将式(13)乘以共轭复数

$$|F_{hkl}|^2 = F_{hkl}F_{hkl}^*$$

$$= \Big[\sum_{j=1}^{n} f_j\cos2\pi(Hx_j+Ky_j+Lz_j)\Big]^2 + \Big[\sum_{j=1}^{n} f_j\sin2\pi(Hx_j+Ky_j+Lz_j)\Big]^2$$

$$(15)$$

$|F_{hkl}|^2$ 称结构因数,它表征了单胞的衍射强度,反映了单胞中原子种类、原子数目及原子位置对 (hkl) 晶面衍射方向上衍射强度的影响。

2)几种点阵的结构因素计算

下面是几种由同类原子组成的点阵(例如纯元素)的结构因数计算

①简单点阵。单胞中只有一个原子,其坐标为 $(0,0,0)$,原子散射因数为 f,根据式(14):

$$|F_{hkl}|^2 = [f\cos2\pi(0)]^2 + [f\sin2\pi(0)]^2 = f^2 \quad (17)$$

该点阵结构因素与 hkl 无关,即 hkl 为任意整数时均能产生衍射,例如(100)、(110)、(111)、(200)。

②体心点阵。单胞中有两种位置的原子,即顶角原子,其坐标为 $(0,0,0)$ 及体心原子,其坐标为 $(1/2,1/2,1/2)$,原子散射因数均为 $f_1=f_2=f_3$。

$$|F_{hkl}|^2 = \Big[f_1\cos2\pi(0)+f_2\cos2\pi\Big(\frac{H}{2}+\frac{K}{2}+\frac{L}{2}\Big)\Big]^2$$

$$+\Big[f_1\sin2\pi(0)+f_2\sin2\pi\Big(\frac{H}{2}+\frac{K}{2}+\frac{L}{2}\Big)\Big]^2$$

$$= f^2[1+\cos\pi(H+K+L)]^2 \quad (17)$$

a)当 $h+k+l=$ 奇数时,$|F_{hkl}|=f^2(1-1)^2=0$,即该种晶面的散射强度为零,该种晶面的衍射线不能出现,例如(100)、(111)、(210)、(300)、(311)等。

b)当 $h+k+l=$ 偶数时,$|F_{hkl}|=f^2(1+1)^2=4f^2$,即体心立方点阵只有指数之和为偶数时的晶面可产生衍射,例如(110)、(200)、(211)、(220)、(310)…。这些晶面的指数平方和之比是 $(1^2+1^2):2^2:(2^2+1^2+1^2):(2^2+2^2):(3^2+1^2)$ …$=2:4:6:8:10$…。

③面心点阵。单胞中有四种位置的原子,它们的坐标分别是 $(0,0,0)$、$(0,1/2,1/2)$、$(1/2,1/2,0)$、$(1/2,0,1/2)$,其原子散射因数均为 $f_1=f_2=f_3=f_4=f$。

$$|F_{hkl}|^2 = \Big[f_1\cos2\pi(0)+f_2\cos2\pi\Big(\frac{K}{2}+\frac{L}{2}\Big)\Big]+$$

$$f_3\cos2\pi\Big[\Big(\frac{H}{2}+\frac{K}{2}+\Big)+f_4\cos2\pi\Big(\frac{H}{2}+\frac{L}{2}+\Big)\Big]^2+$$

$$\left[f_1\sin2\pi(0)+f_2\cos2\pi\left(\frac{K}{2}+\frac{L}{2}\right)\right]+$$

$$f_3\sin2\pi\left[\left(\frac{H}{2}+\frac{K}{2}+\right)+f_4\sin2\pi\left(\frac{H}{2}+\frac{L}{2}+\right)\right]^2$$

$$=f^2\left[1+\cos\pi(K+L)+\cos\pi(H+K)+\cos\pi(H+L)\right]^2 \tag{18}$$

a)当 h、k、l 全为奇数或全为偶数时

$$|F_{hkl}|^2=f^2(1+1+1+1)^2=16f^2 \tag{19}$$

b)当 h、k、l 为奇偶混杂时(2 个奇数 1 个偶数或 2 个偶数 1 个奇数)

$$|F_{hkl}|^2=f^2(1-1+1-1)^2=0 \tag{20}$$

即面心立方点阵只有指数为全奇或全偶的晶面才能产生衍射,例如(111)、(200)、(220)、(311)、(222)、(400)…。能够出现的衍射线,其指数平方和之比是 $(1^2+1^2+1^2):2^2:(2^2+2^2):(3^2+1^2+1^2):(2^2+2^2+2^2):4^2\cdots=3:4:8:11:12:16\cdots$。

3. 实验内容

①在 Material Studio 中分别建立不同类型金属的晶体结构模型,分别是 FCC(γ - Fe、Cu)、BCC(α - Fe、Cr)、HCP(Mg、α - Ti);

②对金属的晶体结构模型进行衍射;

③分析衍射谱,标定出 3 强峰对应的晶面指数。

4. 实验仪器与材料

计算机,Material Studio 软件

5. 实验流程

(1)晶体建模

①选择材料:γ - Fe、Cu、αFe、Cr、Mg、α - Ti

②确定晶体结构类型与晶格常数:如 Cu:fcc,3.614;

表 4 - 2　典型金属晶体结构信息

金属	点阵类型	点阵常数/nm	晶体学点群代码
γ-Fe	FCC	0.36468(916 ℃)	225
Cu	FCC	0.36147	225
α-Fe	BCC	0.28664	229
Cr	BCC	0.28846	229
Mg	HCP	a0.32094,c/a1.6235,c0.52105	
α-Ti	HCP	a0.29444,c/a1.5873,c0.46737	

③建立模型。

• 首先打开 MS 软件，新建一个工程任务命名为 xxx，如图 4-34 所示。

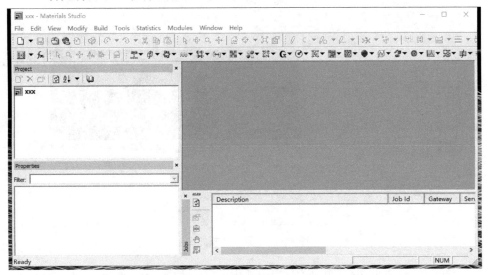

图 4-34　新建 MS 任务

• 然后进行原子建模，包括以下步骤：

点击 New，如图 4-35 所示。

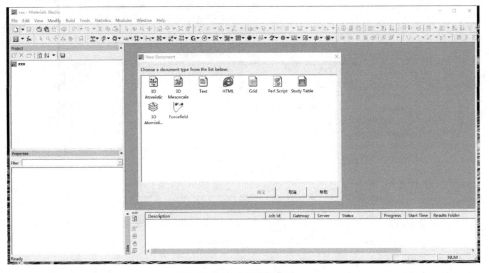

图 4-35　原子建模之一

点击其中的 3D Atomestic，如图 4-36 所示。

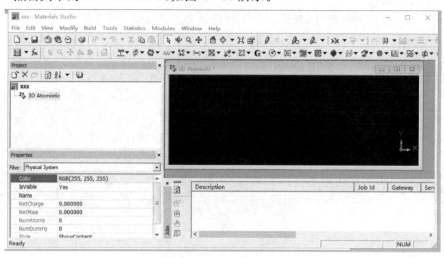

图 4-36　原子建模之二

接下来，点击 build 菜单下的 Crystal 中的 Build Crystal，如图 4-37 所示。

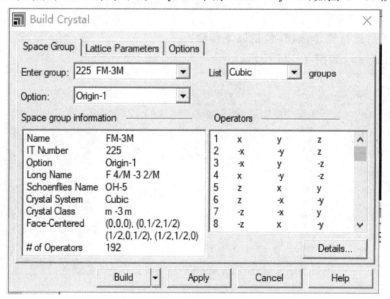

图 4-37　原子建模之三

选择晶体结构所属群和代码，填入晶格常数后，点击 build，结果如图 4-38 所示。

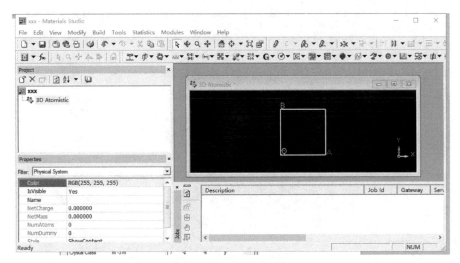

图 4 - 38　原子建模之四

再点击 Add atoms,选择添加元素确定后,结果如图 4 - 39 所示。

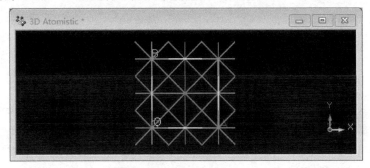

图 4 - 39　原子建模之五

(2)晶体衍射

在 Modules 下拉菜单中选择 Reflex—Powder Diffraction,或者快捷工具栏直接点击　,在下拉菜单找到 Powder Diffraction,如图 4 - 40 所示。选中配建好的原子模型,如图 4 - 41 所示。

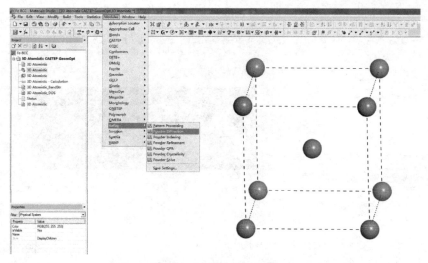

图 4 - 40　晶体衍射之一

图 4 - 41　晶体衍射之二

打开 Reflex Powder Diffraction 对话框,选择衍射参数 Diffractometer 选项,设置衍射参数。其他选项,一般为默认值。

参数调节好后,如图 4 - 42 所示,点击 Calculate 即进行计算。结束后获得衍射谱如图 4 - 43 所示。

图 4 - 42　晶体衍射之三

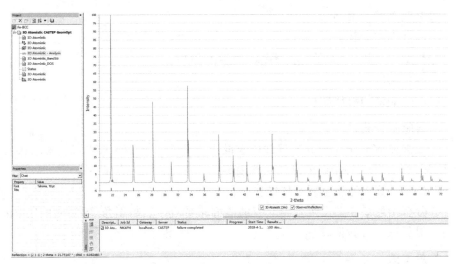

图 4-43　衍射谱分析之一

（3）衍射谱分析

将鼠标在衍射峰上左击，即可在左下角显示出该衍射峰对应的晶面指数（hkl）、衍射角 2θ 和面间距 d_{hkl} 信息如图 4-44 所示。对比上述不同设置对衍射图谱的影响。放大操作：R＋鼠标左键，选择放大区域。

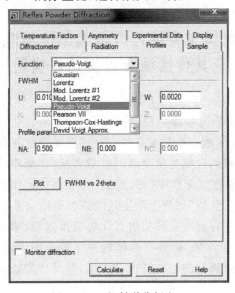

图 4-44　衍射谱分析之一

①对比不同的峰型；

②改变点阵常数；

③改变元素种类、原子位置、距离、角度和扭矩

④改变温度；

⑤改变晶格的有序度；

6. 实验报告要求

①依次在 Material Studio 软件中建设出 FCC(γ - Fe、Cu)、BCC(α - Fe、Cr)、HCP(Mg、α - Ti)6 种金属的晶体结构模型；

②模拟计算出这些金属晶体结构的衍射谱；

③分析衍射谱中 3 个最强峰对应的晶面指数(hkl)、衍射角 2θ 和面间距 d_{hkl}，并用衍射理论进行验证。

7. 思考题

①能否建立复杂晶体结构模型，比如 NaCl、CsCl、金刚石、闪锌矿结构(ZnS)、萤石型结构(ZrO_2)、钙钛矿结构($BaTiO_3$)？

②试述结构因素$|F_{hkl}|^2$ 的物理意义和影响因素。

4.3　开放实验

透射电镜下微纳尺度单晶原位加载变形及其位错演变虚拟仿真实验

1. 实验目的

①拓展延伸"晶体结构堆垛与位错模拟分析"实验，进一步增强学生对"材料科学基础"课程学习中的难点也是重点的"位错"概念理解与掌握；

②通过对电镜下微纳尺度原位变形的模拟实验，使所有学生能够亲自动手模拟实验操作过程，直接观察变形中位错的运动，加深对位错的认知，解决原"材料分析方法"和"材料力学性能"课程上学生只能观摩不能动手实验的局限性问题；

③学习分子动力学对材料变形的仿真计算模拟过程，掌握单晶材料变形模拟的仿真建模和结果分析方法，能够在晶体的原子模型中认识和表征位错，深入理解位错等缺陷在变形过程中的运动特征与作用，并对比宏观尺度与维纳尺度下材料变形的异同。

2. 实验原理

位错是晶体材料中常见的一种微观缺陷，是"材料科学基础"课程中重点阐述

的一个基本概念。从几何角度看,位错是一种线缺陷,原子的严重错排仅集中在位错线附近小区域内,是线性的点阵畸变,通常可用柏氏矢量来描述位错区域的原子的畸变特征(包括畸变发生在什么晶向以及畸变量的大小),位错线可以看作是晶体中已滑移区和未滑移区的边界。位错作为一种常见的微观缺陷和塑性变形载体,对材料的物理性能和力学性能具有极大的影响,因此在理解与揭示材料所表现出来的宏观性能的微观机理时,位错也是"材料性能"课程中被广泛提及的一个基本概念。

　　位错作为一种微观缺陷,肉眼不可见,学生在学习过程中较难理解,因此也是"材料科学基础"课程中学习的难点之一。在传统的教学实验中,我们是通过钢球堆垛的方式,让学生做一个"晶体结构堆垛与位错模拟分析"来帮助学生认识和理解位错的结构特征。这一方法对认识位错有一定帮助,但通过这个实验学生只能看到模拟的静态位错,无法得知位错的运动特征和深刻理解它们在材料塑性变形中的作用。因此,如果能够"捕捉到"材料中的位错在加载时的运动过程,并建立其与材料的塑性变形特点及力学性能之间的对应关系,将对学生理解位错这一抽象的基本概念大有帮助。

　　如果要实时观察到材料的位错及其在加载时的运动过程,首先需要通过聚焦离子束加工技术来制备微纳尺度的试样,之后需要在配备有原位、定量、动态加载的样品杆的高分辨透射电镜下进行原位加载观察,这将使用到聚焦离子束和高分辨透射电镜两个大型精密设备,并需要采用专用的原位纳米力学加载测试系统,很难让本科生亲自动手来完成这一系列实验。在材料科学与工程专业的本科核心课程"材料性能"和"材料研究方法"中,在与课程内容紧密结合的科研进展分享环节,例如解释"包辛格效应"的位错塞积的微观机理和揭示循环加载时单晶材料内的位错运动特征时,对面心立方单晶铝的变形行为以视频的形式给学生进行了播放和演示来做一介绍,这只能作为一个观摩观察过程,学生不能动手操作,实际效果也受到一定程度的影响,实验的受众面也是非常有限。

　　本实验利用虚拟场景模拟在透射电镜下对微纳尺度单晶进行原位变形实验,从测试用微纳尺度样品的制备加工到原位加载过程进行全程仿真模拟,让学生在虚拟场景中能够亲自动手,熟悉实验过程,理解和掌握实验过程中的关键操作。在虚拟原位加载实验完成后,让学生利用分子动力学软件对微纳尺度材料的变形进行仿真计算,获取结果文件后进行分析,利用先进的分析软件在晶体原子模型中学习位错的原子结构表征及其形成与演变过程,并获取微纳尺度下原位加载变形时的应力应变曲线,加深对位错及其在变形过程中作用的理解,并将分子动力学对于位错的形成与运动过程、以及相应的应力应变曲线变化这些模拟结果和场景虚拟中的实验结果同步展示,使学生对变形中的位错有更深入的了解。在虚拟仿真实验流程完成后,作为课后研究,学生可再次进行宏观尺度的材料变形仿真计算,与微纳尺度的仿真结果进行对比,加深对不同尺度材料的塑性变形的本质理解。

学生在掌握了分子动力学仿真计算方法后,不但能对不同尺度材料的变形进行仿真计算,分析对比结果,还可激发学生对微纳尺度材料的其他特性进行仿真计算,比如单晶材料的拉伸性能和高温性能、电子器件中的微纳尺度材料热变形等问题,开阔学生研究眼界和思路,激发学生的创新潜力。

3. 实验仪器设备

①计算工作站(linux 系统),个人终端(Windows 系统);

②虚拟仿真平台;

③晶体结构与缺陷建模软件 Atomsk;

④远程连接软件 Xshell;

⑤分子动力学仿真计算软件 LAMMPS;

⑥结果可视化分析软件 Ovito 和 Origin。

4. 实验材料

①fcc_Al 单晶晶格常数,a＝4.02;fcc_Cu 单晶晶格常数,a＝3.615;

②Al 的原子势函数(Al99.eam),Cu 的原子势函数(Cu_mishin1.eam.alloy);

③原位加载位移程序,依据加载速率,设置加载位移量和加载时间;

④Lammps 仿真计算程序用 In 文件模板。

5. 实验方法与步骤

(1)实验方法描述

在虚拟实验平台上,运行虚拟仿真实验软件,进行以下环节实验。

第一个环节是进行试样加工。方法是选取一个直径 3mm、厚度 200um 的单晶薄片试样,进行机械减薄至 50um 后,电解双喷将样品一端减薄至几个微米,然后使用用聚焦离子束设备在试样的薄区边缘进行加工,通过粗切、精修,获得特定直径尺寸的单晶纳米柱试样。

第二个环节是进行试样的检测。将加工好的试样装入透射电镜,进行高分辨成像观察,确保单晶表面因聚焦离子束加工产生的非晶层厚度低于 1 nm。

第三个环节是原位压缩实验准备。将试样装入 JEM 2100 FEG TEM 电镜下的 Hysitron PI 95 型的 TEM PicoIndenter 压杆中,选择位移控制模式,设定应变速率。

第四个环节是进行分子动力学仿真计算。利用 Atomsk 和 OVito 软件建立微纳尺度单晶几何模型,将得到晶体几何模型数据文件导入 LAMMPS 仿真计算的 in 模板文件中,依据设定的变形速率修改 in 模板文件中的相应参数,将修改后的 in 模板文件连同计算用单晶材料的原子势函数文件一起拷贝到 LAMMPS 程序包的 bin 文件夹中,运行相应的批处理命令文件进行仿真计算。

第五个环节是仿真计算结果可视化处理。利用 Ovito 和 Origin 软件对 LAMMPS 仿真计算结果进行可视化分析处理,获得微纳尺度单晶试样的应力应变曲线、随压缩进行试样中位错的运动视图。

第六个环节是模拟原位压缩实验。启动 JEM 2100 FEG TEM 电镜及其下的 Hysitron PI 95 TEM PicoIndenter,同步展示计算获得的压缩时应力应变曲线和几何变形过程中位错的运动。

结束实验,退出虚拟实验平台。

在选定材料种类后,在这个实验中可制备不同直径和高度的单晶纳米柱体试样,对其进行不同速率加载的原位压缩实验的仿真计算,获取的计算结果直接用于虚拟场景实验的模拟过程,学生可以直观地观察到变形过程中位错的运动,增强学生对"位错"这一抽象概念的认识。

在这一实验中学生可自主选择不同材料来进行原位压缩实验,也可方便地改变试样尺寸、应变速率等实验参数进行原位压缩实验,克服了实际电镜下原位变形实验的局限性,使原先的观摩观察介绍提升为研究性实验。

对同一材料相同的变形速率下,可以对比试样的尺寸效应,会发现在微纳尺度的压缩应力应变曲线完全不同与宏观尺度下的压缩应力应变曲线,直接看到微纳尺度压缩时因试样中位错运动中出现位错"逃逸"出晶体,试样与压头之间产生所谓的"突跳"这一独特现象,这在宏观尺度的压缩实验中是不存在的。

(2)学生交互性操作步骤说明

①启动三维虚拟实验平台,如图 4-45 所示。

图 4-45　启动实验平台

②在场景虚拟的样品区，选取一个单晶薄片试样，如图 4-46 所示。

图 4-46　选取单晶样品

③拿到试样加工区，进行机械减薄，测量厚度低于 50 μm，如图 4-47 所示。

图 4-47　机械减薄

④接着进行电解双喷减薄，一端厚度低于 10 μm，如图 4-48 所示。

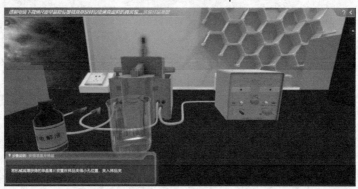

图 4-48　双喷减薄

⑤将试样放入聚焦离子束设备上粗切和精修,获得规定直径和高度的单晶纳米柱体试样,如图 4-49 所示。

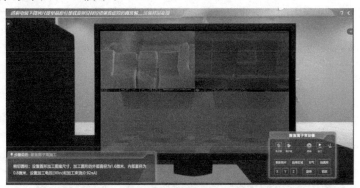

图 4-49 聚焦等离子粗切与精修

⑥到透射电镜观察区,将试样装入 PI-95 压杆中后再装入透射电镜,首先对试样的微观结构进行表征,进行选区电子衍射分析和明暗场成像,如图 4-50、4-51 所示。

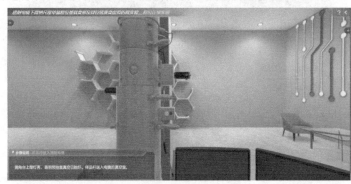

图 4-50 装入透射电镜

图 4-51 微观结构表征

　　⑦在电镜观察区,启动电镜和 P-95 压杆,调整压头位置,选择位移控制模式,设定应变速率,进行原位的压缩/拉伸实验,如图 4-52 所示;同时同步展示微纳尺度单晶试样在原位变形过程中的位错演化特征,以及应力应变曲线图,如图 4-53 所示。

图 4-52　装入 P-95 压杆设置原位压缩实验参数

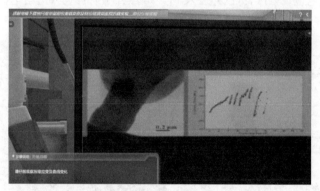

图 4-53　展示原位变形位错演化及应力应变曲线

　　⑧移步到计算平台区,启动计算工作站,进入仿真计算环节,如图 4-54 所示。

图 4-54　启动 LAMMPS 仿真计算

⑨打开 Atomsk 单晶建模软件,建立单晶模型,导入 Ovito 软件中,依据试样几何尺寸,获得试样几何模型,命名模型数据文件,如图 4-55 所示。

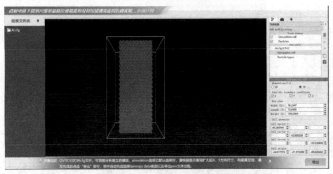

图 4-55　Atomsk 单晶建模

⑩打开 in 模板文件,将模型数据文件名写入相应读取数据文件处,依据设定的应变速率,修改 in 模板文件中相应数据,改名后保存 in 文件,如图 4-56 所示。

图 4-56　修改 LAMMPS 的 in 模板文件

⑪在安装好的 LANMMPS 程序包中,将 in 文件和计算需要的材料的原子势函数文件一并拷贝到程序包的 bin 文件夹中。

图 4-57　打包拷贝文件到 LAMMPS 的 in 文件夹

⑫依据新保存的 in 文件名,修改 LAMMPS 运行的批处理命令文件,点击运行,进行 LAMMPS 仿真计算,结束结算,获得结果文件,如图 4-58 所示。

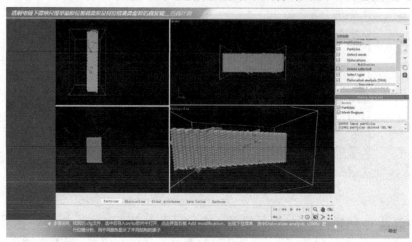

图 4-58　运行 LAMMPS 仿真计算获得结果文件

⑬打开可视化处理软件 Ovito,调用处理 LAMMPS 计算的结果文件,获得原位加载变形的试样几何变形和位错运动动画图。

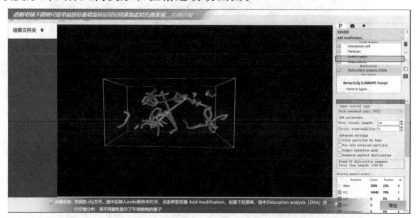

图 4-59　Ovito 中处理 LAMMPS 计算结果获取位错特征及其运动等

⑭打开 Origin 数据处理软件,调用处理 LAMMPS 计算结果文件,获得原位压缩变形的应力应变曲线图,仿真计算环节结束,如图 4-60 所示。

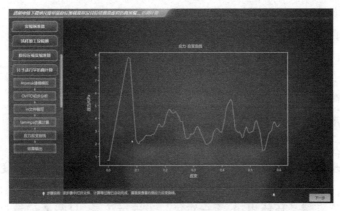

图 4 - 60 　Oringin 中处理 lammps 计算结果获取应力应变结果

⑮同步展示仿真计算和虚拟实验中位错运动（如图 4 - 61 所示）和应力应变曲线（如图 4 - 62 所示），做对比分析。

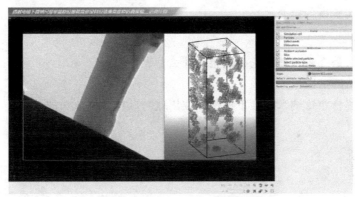

图 4 - 61 　同步展示仿真计算和虚拟实验中的位错运动

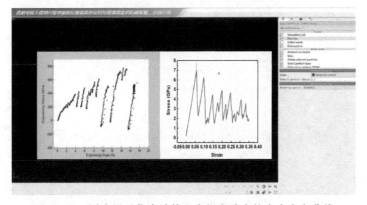

图 4 - 62 　同步展示仿真计算和虚拟实验中的应力应变曲线

⑯结束实验。

虚拟仿真实验到此结束。掌握这一流程,学生可以自主选择材料,设计实验参数(试样直径、高度、应变速率等)进行研究性实验。

在掌握了分子动力学仿真计算后,学生还可进行微纳尺度材料的热应力仿真计算等创新性实验。

6. 实验及报告要求

①线上完成一种材料的实验流程;

②至少改变一个实验条件(材料种类、几何尺寸直径或高度、应变速率)再做一次;

③本实验步骤是环环相扣,无需对每一步进行记录,只需要记录材料种类、加工好的样品直径和高度、设定的压缩应变速率,保存 LAMMPS 原位压缩仿真计算的应力应变曲线和几何变形中运动的动画文件即可。

④本实验要求根据自己设计的实验参数开展实验后,对具体结果进行分析讨论,撰写成实验报告提交。

7. 思考题

(1)什么是位错? 什么是刃位错? 什么是螺位错?

(2)位错的柏氏矢量代表什么?

(3)请解释导致纳米尺度下单晶原位压缩时试样脱离压头的原因。

附录 1 金相显微镜数字图像
采集系统操作规程

1.1 IE200M 型金相显微镜图像采集系统

1. 软件的启动

启动电脑之后,双击桌面应用程序图标 [M],启动程序,或者到程序文件目录下找到此应用程序,双击也可启动程序。此时能看到整个软件的界面。

2. 图像采集

打开软件之后,会自动连接摄像头获取图像。此时在软件界面左侧会显示视频属性,通过属性能对图像进行相关的调整。如附图 1-1 所示。

选中自动曝光时,不管显微镜的亮度是偏亮还是偏暗,都能进行相应的调节,使显示器上的亮度保持适中,所以一般情况下请保持选中状态。

白平衡能使图像正确地以"白"为基色来还原其他颜色。

方法:把试样移出视场,点击"白平衡"按钮。适用于所有切试样。

其他属性一般都不需要调节,直接选择缺省设置即可。

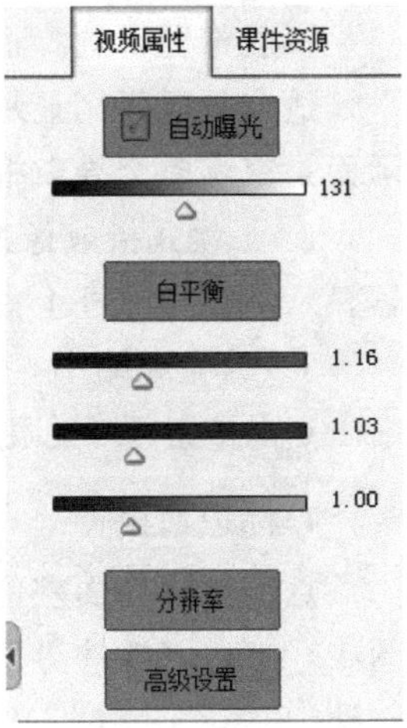

附图 1-1 软件界面

3. 操作栏

操作栏如附图 1-2 所示。

附图 1-2 操作栏

(1)拍照

点击拍照按钮右边小箭头,出现以下列表:拍照到文件、拍照到库、拍照图像处理、拍照到剪切板几种模式选择,一般选择拍照到文件。如附图1-3所示(软件界面下方)。

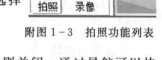

选择"拍照到文件"按钮,输入文件名点击保存按钮即可拍照。

拍照可以把带标识的图片进行拍照,只需勾选即可。

拍照也支持选区拍照模式,点击选区按钮框住需要拍照区域拍照即可。

(2)选区

点击按钮,可以在视频显示区域选择,并可以对选择的区域进行区域曝光、区域白平衡及区域拍照。

附图1-3　拍照功能列表

(3)导航

点击按钮,视频显示区域出现视频导航,再次点击则关闭。通过导航可以快速定位需要观察的位置。

(4)适合页面和1∶1

一般情况下选择适合页面。

适合页面指用显示器观察时的适合比例,此时打开导航,可以看到显示器显示面是充满整个导航框的。

1∶1模式指成像系统和显示器都按1∶1显示,此时打开导航,可以看到显示器显示面在导航框上占据一部分,需要在导航框上拖动需要观察的位置。

(5)放大和缩小

点击按钮可以无限放大和缩小视频。也可以按CTRL+鼠标滚轮实现无极缩放。

4. 标记面板

点击软件界面左侧的小三角,能打开标记面板。如附图1-4所示(软件界面左方):标记面板的标记包括选择、删除、画笔、十字线、比例尺、标注、画直线、画圆、画矩形、画角度、画点、画文字、插入图像、插入剪切板图像。其中选择、画直线、画圆和画矩形有隐藏菜单,点击小三角可展开。

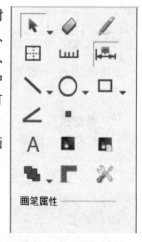

选择不同的标记时,在标记面板下方会显示相应的画笔属性,针对该标记进行编辑,包括颜色、粗细、风格等。

5. 软件的关闭

单击软件右上角 ![X] ,关闭软件。

附图1-4　标记面板

1.2　MDJ-DM 型金相显微镜图像采集系统

1. 软件的启动

启动电脑之后,双击桌面应用程序图标,或者到程序文件目录下找到此应用程序,双击也可启动程序。

2. 启动相机

单击侧边栏中的相机侧边栏(如果没有激活的话),出现附图 1-5 所示的相机列表。再单击相机列表组标题或其右边向下双箭头可展开相机列表组(折叠情况下),单击相机名"yyyyy"以创建相机视频窗口。

附图 1-5　相机列表

3. 捕获与分辨率

在创建相机视频窗口后,出现附图 1-6 的"捕获与分辨率"。

捕获:单击该键可以捕获视频窗口的图像,可一直单击捕获;

录像:录制 MP4(H264、H265)/wmv/avi 视频流;　附图 1-6　搏获与分辨率

录制开始以后,录像按键变成  形式,单击

即可停止录像;

预览:设置视频预览分辨率;

捕获:设置用于静态图像捕获分辨率;为提高帧率,预览分辨率常选小的,捕获分辨率常选大的;

格式:捕获支持格式可以是 RGB24/RAW/RGB48,视相机型号而定,用户可根据需要选择。

4. 曝光与增益

附图 1-7 为"曝光与增益"窗口。

附图 1-7　曝光与增益

①当曝光与增益组展开以后,在视频窗口某区域会叠加一绿色矩形取景器,在该矩形左上方标有曝光二字。该矩形用于计算视频的亮度是不是达到曝光目标值。拖动曝光 ROI 到视频的暗区会增加视频的亮度,将曝光 ROI 拖到视频的亮区域会降低视频的亮度。

②复选自动曝光复选框,曝光目标滑动条有效,相机会根据曝光目标值设置曝光时间和模拟增益。

③不选自动曝光框会将自动曝光模式切换到手动曝光模式。这时曝光目标滑动条无效;在手动曝光模式下,将显微镜的光源调亮或调暗,视频由于光源亮度增加也变亮或变暗,拖动曝光时间滑块向左或向右以确保视频亮度显示正常。

④只有当显微镜光源太暗,不满足成像亮度要求时,才会向右拖动模拟增益滑块直到视频亮度正常;有时为了减少曝光时间,也会选择大的模拟增益,大的增益意味着大的噪声。

⑤通过单击曝光时间右边编辑框会弹出曝光时间对话框,在这里可以输入精确的曝光时间数值。

⑥默认值:单击默认值按键以清除所有的更改,恢复所有参数默认值。

⑦单击展开的曝光与增益组标题会折叠该组,这时曝光矩形框会消失。

5. 白平衡

①单击白平衡标题以扩展白平衡组,这时会在视频窗口的某区域显示一个红色的矩形,其左上角标有白平衡三字。见附图 1-8。

②拖动红色矩形到一块认为是纯白或灰色区域,单击白平衡按键即可为后继所有的视频建立视频白平衡映射。

③自动设置白平衡效果与实际白平衡

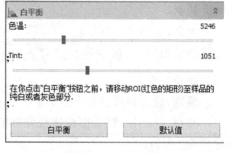

附图 1-8　白平衡

有偏差时,左右拖动色温和 Tint 滑块以进行手动白平衡操作。

④默认值:单击默认值按键以清除所有的更改,恢复所有参数默认值。

⑤单击扩展情况下的白平衡标题可以折叠白平衡组,这时白平衡矩形会消失。

6. 颜色调整

附图 1-9 为"颜色调整"窗口。

①色调:调整视频的色调,左右拖动滑块降低或增加色调。

②饱和度:调整视频的饱和度,左右拖动滑块降低或增加饱和度。

③亮度:调整视频的亮度,左右拖动滑块降低或增加亮度。

④对比度:调整视频的对比度,左右拖动滑块降低或增加对比度。

⑤伽玛:调整视频的伽玛,左右拖动滑块降低或增加伽玛。

⑥默认值:单击默认值按键以清除所有的更改,恢复所有参数默认值。

7. 色彩模式

附图 1-10 为"色彩模式"窗口。

①彩色:如果想预览彩色视频,则选择"彩色"按键。

②灰度:如果想预览灰度视频,则选择"灰度"按键。

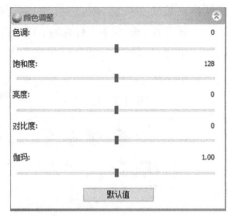

附图 1-9 颜色调整窗口

附图 1-10 色彩模式窗口

8. 保存

①选择文件>保存命令在不关闭当前图像的情况下将图像改动的结果存储到磁盘文件中,如果当前文件是未命名文件,则会弹出警告对话框如附图 1-11 所示。

②选择是则会弹出文件另存为对话框,提示用户指定适当的文件名和存储路径。只要对图像进行了改动,则在关闭程序或者关闭这个图像的时候,都会询问是否要保存变动,如果选择否,则自上一次保存后所做的所有变动都将被丢弃。

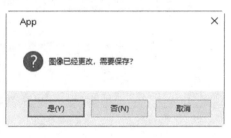

附图 1-11 保存窗口

③如果图像窗口的标题是以数字表示的如 001,002,003 自相机捕获或通过文件>粘贴为新文件创建的图像,App 会自动弹出文件>另存为…对话框(见 2.8 节)。

注意:①文件>保存命令会保存窗口图像所有内容;②文件>保存命令在文件没有改变或改变已经保存以后,会置灰。

9. 另存为

①选择文件>另存为…命令将当前窗口图像用指定的文件格式保存起来,见附图 1-12。在文件>保存为…命令结束以后,图像窗口会同新的文件以及新的

文件格式关联在一起（图像窗口的标题栏会显示新保存文件名）。

　　②保存在：希望将文件保存的目录，可以通过其右边的  进行选择或设置。文件名：输入想要保存的文件名字，或者通过浏览来指定。

附图 1-12　另存为窗口

　　③保存类型：在下拉列表框中指定想要保存文件类型，也可以通过此方法将一种格式文件转换为另一种格式。App 支持保存格式附图 1-12 中所示，这几种格式都支持图层上测量对象的保存。

10. 关闭软件

　　单击软件右上角 ✕ ，关闭软件。

附录 2　部分材料的金相图谱

1. 钢铁平衡组织观察实验部分相关材料金相图谱

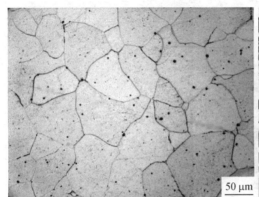 

工业纯铁 退火 4%硝酸酒精 F+Fe₃C_Ⅲ　　　　40 钢 退火 4%硝酸酒精 F+P

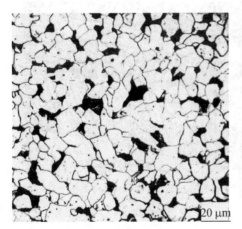 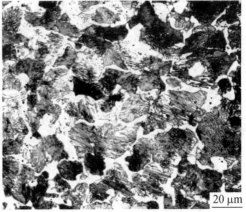

20 钢 退火 4%硝酸酒精 F+P　　　　60 钢 退火 4%硝酸酒精 F+P

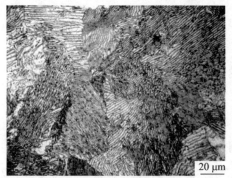

20 μm

T8 钢 退火 4%硝酸酒精 P

20 μm

T12 退火 苦味酸钠溶液 P+Fe₃Cᴨ

20 μm

T12 退火 4%硝酸酒精 P+Fe₃Cᴨ

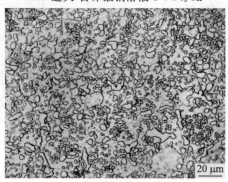

20 μm

T12 球化退火 4%硝酸酒精 P 球(F+ Fe₃C)

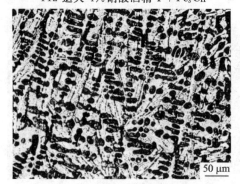

50 μm

亚共晶白口铸铁 铸态
4%硝酸酒精 P+Fe₃Cᴨ +Ld′

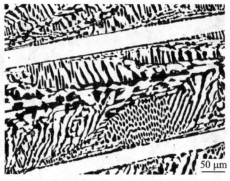

50 μm

过共晶白口铸铁 铸态
4%硝酸酒精 Fe₃Cᵢ +Ld

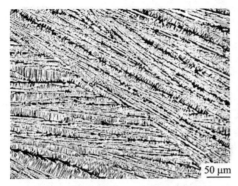

共晶白口铸铁　铸态　4%硝酸酒精　Ld′

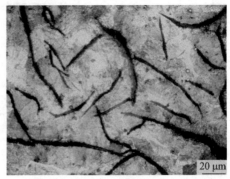

灰铸铁　铸态　4%硝酸酒精　P+G片

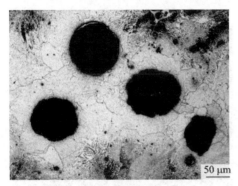

球墨铸铁　铸态　4%硝酸酒精　F+P+G球

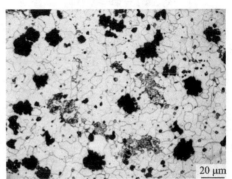

可锻铸铁　石墨化退火　4%硝酸酒精
F+P+G团

2. 钢铁非平衡组织观察实验部分相关材料金相图谱

15 钢　淬火　4%硝酸酒精　M低

球墨铸铁　淬火　4%硝酸酒精
M+A′+G球

40Cr 460 ℃等温淬火 4％硝酸酒精

$B_上$＋M＋A′

T8 钢 280℃等温淬火 4％硝酸酒精

$B_下$

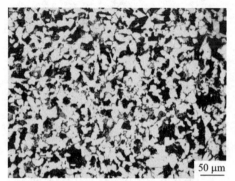

40 钢 860 ℃正火 4％硝酸酒精

F＋P

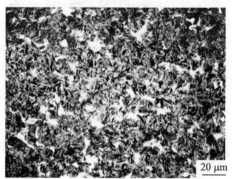

40 钢 760 ℃淬火 4％硝酸酒精

F＋M

40 钢 860 ℃淬火 4％硝酸酒精

M

40 钢 860 ℃淬火＋200 ℃回火 4％硝酸酒精

$M_回$

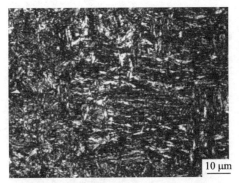

40 钢 860 ℃淬火＋400 ℃回火 4％

硝酸酒精 T回

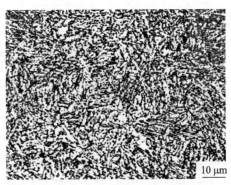

40 钢 860 ℃淬火＋600 ℃回火 4％

硝酸酒精 S回

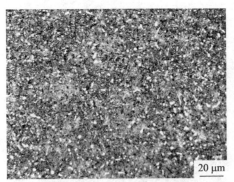

T12 780 ℃淬火 4％硝酸酒精

M＋Fe₃C

T12 780 ℃淬火＋200 ℃回火 4％硝酸酒精

M回＋ Fe₃C

T12 1200 ℃淬火 4％硝酸酒精 M＋A′

3. 金相样品制备过程产生缺陷

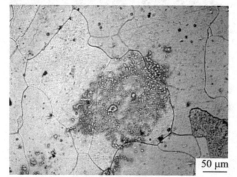

纯铁退火 水迹

纯铁退火 污染

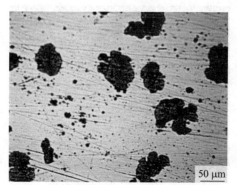

球墨铸铁 麻坑＋划痕

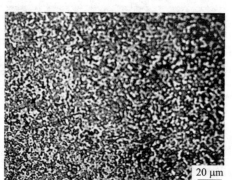

T12 球化退火 变形层

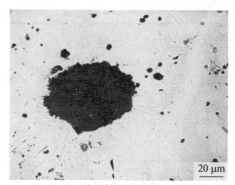

球墨铸铁 拖尾

40 钢 退火 腐蚀过深

4. 二元共晶系合金的显微组织

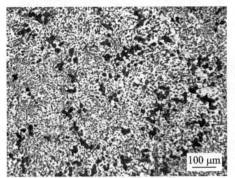

Pb－Sn 亚共晶 4％硝酸酒精 α＋(α＋β)

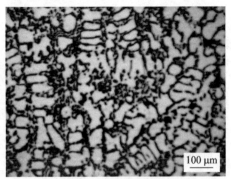

Pb－Sn 过共晶 4％硝酸酒精 β＋(α＋β)

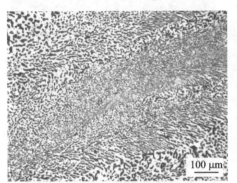

Pb－Sn 共晶 4％硝酸酒精 (α＋β)

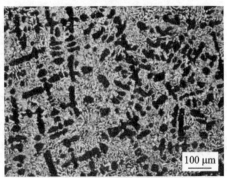

Pb－Sb 亚共晶 4％硝酸酒精 α＋(α＋β)

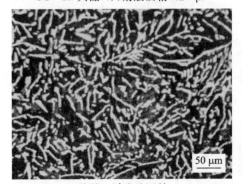

Pb－Sb 共晶 4％硝酸酒精 (α＋β)

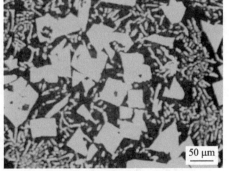

Pb－Sb 过共晶 4％硝酸酒精 β＋(α＋β)

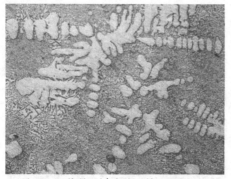

Al-Si 亚共晶 4％硝酸酒精 α+(α+β)

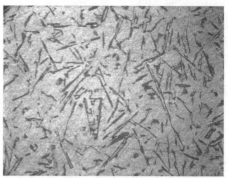

Al-Si 共晶 4％硝酸酒精 α+(α+β)

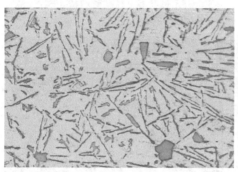

Al-Si 过共晶 4％硝酸酒精 β+(α+β)

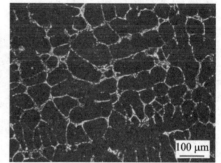

Pb-Sb 亚共晶(共晶离异)
4％硝酸酒精 α+(α+β)→α+β

5. 塑性变形与再结晶的显微组织

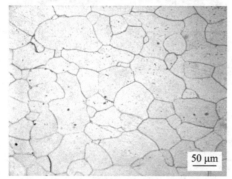

纯铁 变形度 20％ 4％硝酸酒精 F

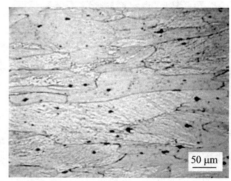

纯铁 变形度 60％ 4％硝酸酒精 F

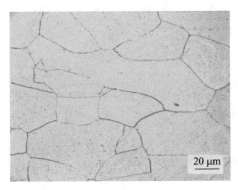

纯铁 变形度 40% 4%硝酸酒精 F

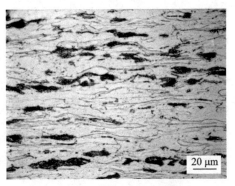

低碳钢 变形度 80% 4%硝酸酒精 F＋P

纯铁 微量变形 4%硝酸酒精 F＋滑移线

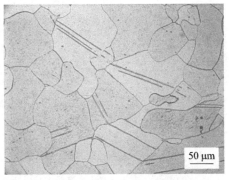

纯铁 冲击变形 4%硝酸酒精 F＋孪晶

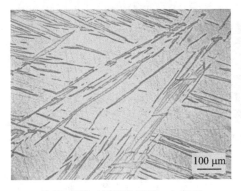

纯锌 变形 4%硝酸酒精 a＋孪晶

三七黄铜 加工退火 氯化铁盐酸水溶液 α

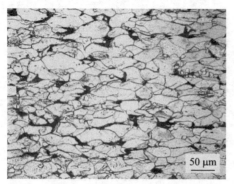

低碳钢 变形度 40％ 640 ℃加热退火 15 分
4％硝酸酒精 F＋P

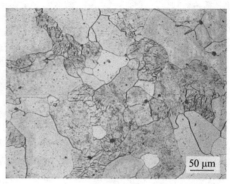

纯铁 变形 高温退火 4％硝酸酒精
F＋亚晶粒

低碳钢 变形度 40％ 700 ℃加热退火
15 分 4％硝酸酒精 F＋P

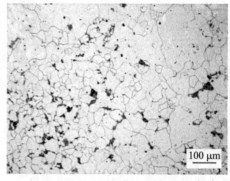

低碳钢 不均匀变形(临界变形度)再结晶退火
4％硝酸酒精 F＋P

附录 3　相关计算软件及使用方法

3.1　MSC. Marc 软件及其使用

1. 软件特点及构成

MSC. Marc 是国际著名的非线性有限元分析软件,具有处理几何非线性、材料非线性和包括接触在内的边界条件非线性及其组合的高度非线性的超强能力。它可以处理各种结构静力学、动力学问题、温度场分析以及其他多物理场耦合问题。

MSC. Marc 软件由 Marc 求解器和前后处理工具 Mentat 构成。Marc 是先进的非线性分析求解器,它的前后处理器采用的是 Mentat 工具。在进行前处理时,Mentat 生成扩展名为 mud 或 mfd 的模型文件,建模完成递交分析后可自动生成 Marc 的数据文件 *. dat,Marc 在后台完成分析任务的计算后自动生成供 Mentat 后处理需要的扩展名为 t16 或 t19 的结果文件,利用 Mentat 对结果文件处理可获得可视化的结果和各种分析结果。

2. 新版 MSC. Marc 软件的用户界面及分析流程

（1）用户界面

安装了 MSC. Marc 软件后,计算机桌面上会形成一个 Mentat 的快捷图标,点击后启动软件,启动后中文界面如附图 3－1 所示。

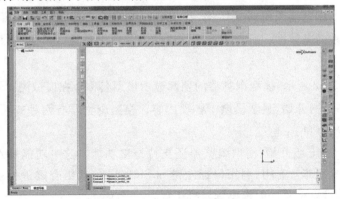

附图 3－1　MSC. Marc 用户界面

新版 Marc 的界面采用经典的 Office 风格,对菜单和工具栏等进行了合理的布局。新的界面风格保留了 Mentat 老版的所有功能,默认显示将原有的动态菜单区均匀的排列在菜单条的下方,用户可以同时打开属于不同动态菜单项的子菜单。

(2)主菜单

几何与分网(Geometry & Mesh);

表格和坐标系(Tables & Coordinate System);

几何特性定义(Geometric properties);

材料特性定义(Materials Properties);

接触定义(contact);

工具箱(Toolbox);

连接关系定义(Links);

初始条件定义(Initial Conditions);

边界条件定义(Boundary Condition);

网格自适应定义(Mesh Adaptivity);

分析工况定义(Loadcases);

分析任务定义和提交(Jobs);

结果查看(Results)。

每个功能模块对应一个主菜单,这些功能模块对应了工程问题分析的主要过程和环节,需要在不断地实际使用中体会和掌握。

(3)模型浏览器

Mentat 2013.1 版开始增加了模型浏览器,让用户可以更方便地浏览查找模型内容。模型浏览器采用树状结构,让用户能够快速查看相应功能模块的内容,并能确定模型的完整性。所有菜单既可以从主菜单中进入,也可以从模型浏览器中进入。

如附图 3-2 所示,模型浏览器的顶部显示模型名称。在模型浏览器中从上到下,从几何与分网开始,显示模型中各项内容。模型浏览器有两种查看方式,分别是 Model(默认)和 List。

从 Marc2015 版开始,模型浏览器还支持拖曳功能。这一功能针对存在大量边界条件的模型非常有用,利用鼠标左键和 Shift 或 Ctrl 组合键进行多个边界条件的选取后,可以将其一起拖曳到目标工况(Loadcase)下。

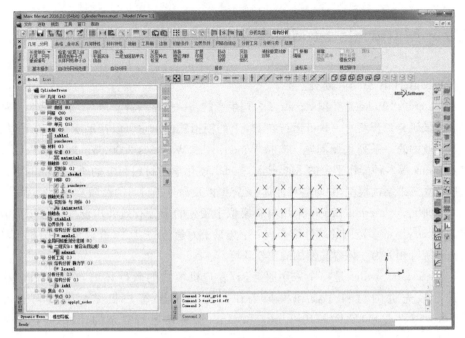

附图 3-2　模型浏览器

（4）分析流程

Mentat 是 Marc 专用的前后处理程序，它与 Marc 完美结合，是用户使用 Marc 进行有限元分析的图形用户界面（GUI）。分析流程如下：

首先进行 Marc 分析的前处理工作。在上述的用户界面中，可进行几何建模，网格划分，边界条件、初始条件、几何特性、材料特性等设置，也能施加接触边界条件、连接约束条件、断裂力学边界条件和网格自适应，还可进行结构优化参数设置，施加各种工况，组织各种计算任务等有限元分析的各种前处理任务。

第二步在前处理工作完成后，提交计算任务。一旦任务提交，Marc 求解器将在后台运行求解，并给出求解结果。

第三步结果分析。仍然在上述的用户界面中，通过图表、云纹图、等值线、切片、数字、动画和曲线等对结果进行显示分析。

利用软件主要的工作在前、后处理，特别是前处理很关键。学习软件的使用就是要在基本掌握前后处理的基础上，不断提高前处理的技能。

3.2 Materials Studio 材料计算软件

1. Materials Studio 简介

Materials Studio 是美国 Accelrys 公司生产的新一代材料计算软件,是专门为材料科学领域研究者开发的一款可运行在 PC 上的模拟软件。它可以帮助解决当今化学、材料工业中的一系列重要问题。支持 Windows 98、Windows 2000、Windows NT、Unix以及 Linux 等多种操作平台的 Materials Studio,使化学及材料科学的研究者们能更方便地建立三维结构模型,并对各种晶体、无定型以及高分子材料的性质及相关过程进行深入的研究。Materials Studio 采用材料模拟中领先的十分有效并广泛应用的模拟方法。Accelry's 的多范围的软件结合成一个集量子力学、分子力学、介观模型、分析工具模拟和统计相关为一体容易使用的建模环境。

Materials Studio 是一个采用服务器/客户机模式的软件环境,它可在 PC 机上进行最先进的材料建模和模拟工作。其服务器/客户机结构使得可以在 Windows NT/2000/XP/7/10,Linux 和 Unix 服务器运行复杂的计算,并把结果直接返回桌面。

Materials Studio 是一个模块化的环境,每种模块提供不同的结构确定、性质预测或模拟方法,功能模块包括:Materials Visualizer、Discover、COMPASS、Amorphous Cell、Reflex、Reflex Plus、Equilibria、DMol3、CASTEP。Materials Studio的中心模块是 Materials Visualizer。它可以容易地建立和处理图形模型,包括有机无机晶体、高聚物、非晶态材料、表面和层状结构。Materials Visualizer也管理、显示并分析文本、图形和表格格式的数据,支持与其他字处理、电子表格和演示软件的数据交换。在 Material Studio 中,可以选择符合要求的模块与 Materials Visualizer组成一个无缝的环境,也可以把 Materials Visualizer 作为一个单独的建模和分子图形的软件包来运行。

如果安装了 Materials Studio 的其他模块,后台运算既可以运行在本机,也可以通过网络运行在远程主机上。这取决于建立运算时的选择和运算要求。

2. Materials Studio 软件使用

(1)启动 Materials Studio

从 Windows"启动"菜单中选择"程序"Accelrys Materials Studio 4.0 | Materials Studio。如果在桌面上有 Materials Studio 图标,也可以通过双击图标来启动 Materials Studio。在启动 Materials Studio 时,首先会出现一个欢迎界面(Welcome to Materials Studio),必须创建一个新的项目或从对话框中载入一个已

经存在的项目。

　　注意：如果是第一次打开 Materials Studio，会看到 Materials Studio 文件关联的对话框，如果出现这种情况，按照提示点击 OK 按钮即可。

　　在欢迎界面对话框上选择创建一个新的项目，点击 OK，会出现新建项目对话框，选择要存储文件的位置并且键入文件名，点击 OK。

　　(2)Materials Studio 界面

　　Materials Studio 可以在 Windows NT /2000/ XP /7/10 上运行，用户界面符合微软标准，用户可以交互控制三维图形模型、通过简单的对话框建立运算任务并分析结果。附图 3 - 3 显示了 Materials Studio 界面。

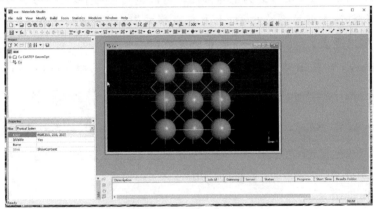

附图 3 - 3　Materials Studio 界面

　　▶菜单栏

　　• File：关于文件和 project 运行的命令，例如 Open，Save，Import，Export 和 Print。

　　• Edit：选择编辑指令或者剪贴板的命令。

　　• View：修饰 Materials Studio 模型视图的命令。其中 Explorers 分为三类：(a) Jobs Explorer（工作任务状态：一般分为 setup、starting、queued、running、stopped、terminated 以及 successfully－completed)；(b)Project Explorer（显示项目中的文件夹、子文件夹与文件)，界面十分简明清楚。(c)Properties Explorer：选择一个原子（或化学键）等，在左下角方框中将详细介绍该原子的信息，包括电荷、元素类型、分数坐标、自旋情况等。

　　• Modify：当前窗口下能够改变目标性质的命令。例如 Modify Element 是用于元素的替换；Modify Bond Type 是化学键类型的改变；Modify Hybridization 是杂化类型的选择。

　　• Build：计算键长键角、氢键、建立高分子模型、晶体模型、表面以及层状结构的命令。

　　• Tools：能够在当前窗口下操作模型的命令。

　　• Statistics：得到数据统计分析应用的命令。

　　• Module：获得 MS 模块的命令。

　　• Window：用于构建或活化当前窗口的 MS 模型的命令。

　　• Help：帮助系统和在线咨询系统。

▶Toolbars 的介绍

　　• Standard：文件的运行操作。

　　• 3D Viewer：3D 模型的浏览与操控。可以进行（从左到右顺序依次介绍）选择、旋转模型、放大或者缩小模型、上下左右移动模型、重置、回到中间位置、自动调整以及风格设置。

　　• Sketch：原子、化学键和环的描绘以及修饰。

　　• Symmetry：创造、修饰和发现对称性结构的系统。

　　• Atoms & Bonds：绘出原子和化学键的操作。

　　• Modules：MS 模型的版块。

　　(3)Materials Visualizer 模块的使用

　　1)晶胞建立

　　• 通过 file-import 进入 Structures 目录，选择软件已经建好的结构。晶格参数会自动显示；

　　• 手动输入晶体结构。先打开 New Document，选 3D atomistic document，点击确定之后会给出一个空的 3D 对象的工作稿。再点击 Build＝＝＞Build Crystal，弹出附图 3-4 所示的建模对话框，在对话框中手工输入晶体结构，输入空间群（Enter group）。

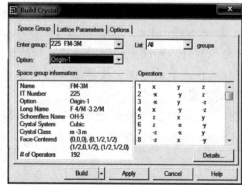

附图 3-4　建模对话框

注意:一旦在 Space Group 选项卡上输入了 Space Group 的信息,a、b、c、α、β 和 γ 点阵参数就根据所设置的空间群的对称性被自动地设置了。

设置点阵参数。选择 Lattice Parameters 选项卡,显示 Lattice Parameters,填写晶格常数,比如 a,b,c 三个晶胞边长,以及 α、β、γ 三个角度。

点击 Build 或者 Apply 就可以生成该结构的晶格模型。

▶添加原子。选择 Build-Add atoms 或者直接从工具栏点击 ，进入 Add Atoms 对话框,点击 Element 边 ，进入元素周期表,可以选择原子。在 Add Atoms 对话框上选择 Options 选项卡,选中 Test for bonds as atoms are created。坐标系统要选择 Fractional(Fractional 坐标系统用于描述周期单胞,而 Cartesian 坐标系统用于描述非周期结构)。再次选择 Atoms 选项卡。重复操作,直到添加完晶胞中的所有原子。关闭 Add Atoms 对话框。

▶查看晶胞信息

• Properties explorer 的 Filter 选项有 Atom、Bond、Lattice 3D,Physical System 和 Symmetry System 等 。选择 Lattice 3D,可以显示晶格信息:角度 α β γ、对称性、晶胞边长、空间群等。以晶胞边长为例,双击可以修改。并不是所有的属性都可以编辑,不能编辑的属性以灰色显示。

• 选择 Lattice 3D,从 cell formula 可以看到晶胞中的原子名称和数量,还可以看见密度体积等。

▶更改 3D 模型显示形式

• 在 3D 结构上单击右键,出现附图 3-5 所示的 3D 结构显示模式对话框有 Display Style、Display Options、Lighting 以及 Label 的设置。选择 Display Style。

Display Style→Atom 栏:

Line:线状模型。

Stick:棍状模型。

Ball and stick:球棍模型。

CPK:球堆砌模型。

Polyhedron:多面体堆积模型(晶体)。

Display Style→Lattice 栏:

Display:显示单个晶胞或者元胞。

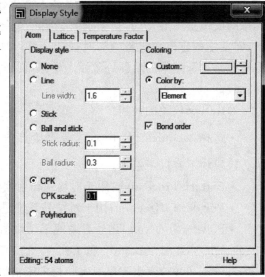

附图 3-5　3D 结构显示模式

Range：显示在 X、Y、Z 方向上晶胞的数量。

Lattice：显示晶胞边界的风格。

• 在 3D 结构上单击右键并选择 Lighting 选项，该选项将指定加光情况：在此选项卡内可以设定三个光源，并改变光源的照射位置（照射位置用箭头显示）。

2）输出图像

可以将 3D Atomistic 文件显示的图像作为位图输出，输出的图像可以包含到其他文件中。位图图像被存储为 .bmp 格式。从菜单栏中选择 File｜Export...显示 Export 对话框。点击 Export as type 文本框右侧的选项箭头，从下拉列表中选择 Structure Bitmap（∗.bmp）。一旦选择了位图格式，Options... 按钮就被激活了。点击 Options... 按钮以显示 Bitmap Export Options 对话框。可以调节对话框中的位图图像的像素尺寸以适合相关需求。

（4）Reflex 模块的介绍和使用

1）简介

Reflex 模块可以模拟和分析 X 射线、电子和中子衍射数据。它提供了从有机、无机、有机金属和生物晶体的衍射图谱中提取最大信息量所需的所有工具。除了传统的 Rietveld refinement，对晶体结构进行优化以使模拟粉末图谱和实验粉末图谱相吻合，Reflex 也考虑晶体能量。在这种新型的 Pawley 方法中，将实验图谱与模拟图谱的相似性与势能联合优化，得到的晶体结构不仅与实验图谱匹配，而且势能也接近于最小。

快速的交互式模拟从根本上提高了衍射数据的解释效率。有了 Reflex，来自模拟的反馈是图形化的，易于理解。当一个结构改变时，模拟图谱可以动态地更新，实现结构建模和实验的实时耦合。可以加入各种实验条件和修正因子，以获得模拟与实验结果的最佳一致性。模拟结果可以快速、方便地与实验数据进行直接比较。

2）Reflex 模块的使用

• 选择 Modules－Reflex，或者直接点击工具栏 ，可以进入 Reflex 模块。该模块下有以下选项。

• Pattern Processing：用于对粉末衍射实验图谱进行数据处理。

• Powder Diffraction：用于对结晶系统进行粉末衍射模拟。

• Powder Indexing：用于自动或手动峰值查找，使用 TREOR90（Werner 等，1985）、DICVOL91（Boultif 和 Louer，1991）、ITO15（Visser，1969）或 X-Cell（Neumann，2003）索引程序对实验粉末图谱进行索引，以及空间群自动确定。

• Powder Refinement：用于根据实验数据对晶体结构进行改进的 Pawley 或

Rietveld 精修,并进行联合优化以匹配实验粉末图谱,同时最小化势能。

• Powder Quantitative Phase Analysis:用于根据混合物的粉末图谱以及纯相的结构模型或粉末图谱,确定混合物中不同相的相对数量。

• Powder Solve:用于在一个单胞中搜索分子片段的可能排列和构型,以定位其模拟粉末图谱与实验数据尽可能接近匹配的结构。

3)Powder Diffraction

Powder Diffraction 可以用来研究结构变化对粉末衍射的影响,并将理论晶体结构得到的图谱直接与实验衍射数据进行比较。各种实验条件和修正因子可以用来保持模拟结果和实验结果之间的高度一致。Powder Diffraction 可用于 X 射线、中子和电子辐射。Powder Diffraction 有以下功能:

• 设置 Powder Diffraction 参数;

• 衍射分析;

• 对比模拟图谱和实验数据;

• 标定衍射:分析表和图表视图;

• 研究结构变化对衍射图谱的影响;

• 温度因素;

• 研究无序对衍射图样的影响;

• 研究样品缺陷的影响;

• 控制衍射显示的选项;

• 峰的标记。

附录4 全国大学生金相技能大赛简介及制样通用操作规程

1. 大赛简介

全国大学生金相技能大赛最初是由清华大学、北京科技大学、昆明理工大学、重庆大学、东南大学、中南大学、国防科技大学、湖南大学、上海应用技术学院等高校联合发起的一项大学生赛事。第一届全国大学生金相技能赛于2012年11月在北京科技大学举办,此后每年举办一届。2015年8月,教育部高等学校材料类专业教学指导委员会正式发文,决定作为大赛的主办单位对大赛的组织工作进行具体的指导。自此,全国大学生金相技能大赛成为一项得到教育部有关部门认可的全国性大学生赛事,每年7月至10月间举办一届。2020年2月22日,中国高等教育学会发布2019年全国普通高校大学生学科竞赛排行榜,全国大学生金相技能大赛正式纳入排行榜,成为排行榜内44个竞赛项目之一。

2. 制样通用操作规程

本操作规程针对全国大学生金相技能大赛比赛金相试样制样和显微组织观察而订,也可供日常金相实验教学参考使用。

(1)手工预磨操作规程

①在正式磨样前,清理工作台面的灰尘或磨料颗粒,以免影响磨样质量。将砂纸放置合适位置(建议如附图4-1所示摆放,未使用的砂纸从上到下按照从粗到细的顺序叠放)。

未使用砂纸	磨样工作区	已使用砂纸

附图4-1 磨样工位及砂纸摆放顺序示意图

②样品无标记面为磨制面。磨制面边缘无倒角的需先行倒角(0.5 ~ 1 mm 45°,手工、机磨均可)。

③在砂纸上将试样的磨制面朝下,一手按住砂纸,一手握住试样(建议用大拇指、食指和中指捏持试样),略加压力后将试样紧贴砂纸朝前推至砂纸上部边缘

(附图 4 - 2(a),(b)),然后将试样提起并返回到起始位置(附图 4 - 2(c),(d)),再进行第二次磨制。如此反复进行直至磨制面平整且磨痕方向一致为止。在这一操作过程中,每一次后移(返回)也可不将试样提起,即往返过程试样均与砂纸接触。

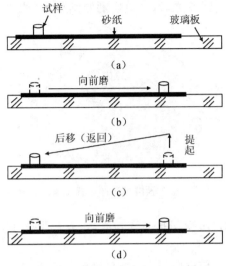

附图 4 - 2　手工金相磨制手法示意图

　　④依次换上从粗到细牌号砂纸进行手工磨制。每更换一道砂纸,试样转一个角度使上道次的磨痕与本道次的磨痕方向垂直。每道次磨制以磨面平整、磨痕方向一致、且覆盖上道次磨痕为止。建议在更换砂纸前用水冲、纸巾擦拭等方式清洁试样磨制面,避免把上道次磨屑颗粒(粗)带入下道次金相砂纸上(细)。

　　⑤重复③～④步骤直至最细号砂纸。

　　⑥建议在更换砂纸的过程中将玻璃板打扫干净,以免前面的粗砂粒留在玻璃板上,造成后面的细磨难于完成。

　　⑦预磨工序结束后,清理工作台面并整齐摆放砂纸。

　　(2)机械预磨操作规程

　　①在正式磨样前,清理工作台面的灰尘或磨料颗粒,以免影响磨样质量。将砂纸放置合适位置(建议如附图 4 - 1 所示摆放,未使用的砂纸从上到下按照从粗到细的顺序叠放)。

　　②检查预磨机启停、运转等情况,了解预磨机转动方向(一般为逆时针方向),检查操作工位,消除安全隐患。

　　③将水磨砂纸浸湿后平放在研磨盘中。安装好砂纸后,调节合适的冷却水流,水流不能太大,防止溅出。之后打开预磨机电源。

　　④样品无标记面为磨制面。磨制面边缘无倒角的需先行倒角(0.5 ～ 1 mm, 45°

手工、机磨均可);倒角后即可进行样品预磨。

　　⑤样品放置在如附图4-3所示位置附近用力持住并轻轻靠向砂纸,待试样与砂纸接触良好并无跳动时,可以用力压住试样进行磨制。当磨面平整、磨痕方向一致且完全消除上道次磨痕之后,本道次磨制结束,可依次换上从粗到细牌号水砂纸进行下道次预磨。

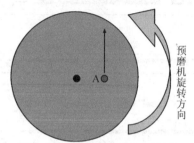

预磨机旋转方向

A

附图4-3　预磨机试样放置位置示意图

　　⑥每换一道砂纸前,用冷却水冲洗预磨盘,以免上一道砂纸颗粒遗留影响后续制样质量。

　　⑦每道次磨制时,磨痕方向与上道次的磨痕方向垂直。

　　⑧重复④~⑥步骤直至最细号砂纸;

　　⑨每一次离开预磨机工位转入其他操作前,应关闭预磨机电源及水源。

　　⑩预磨工序结束后,清理工作台面并整齐摆放砂纸。

　　(3)试样抛光操作规程

　　①检查抛光机启停、运转等情况,了解抛光盘转动方向(一般为逆时针方向);检查抛光剂(抛光膏)和抛光布是否齐备;检查、清洁抛光操作工位,消除安全隐患。

　　②正式比赛前,抛光布已由工作人员装好。比赛过程中如遇抛光布破损等情况需更换抛光布时,则由选手自己操作:将浸湿的抛光布平整地贴在抛光盘上,再将固定箍环从上到下按压在抛光盘上,沿边缘按压沿边缘按压确保固定稳固。

　　③开始抛光前,要使用清水冲洗试样和双手,将试样上可能粘带的砂粒冲洗干净,以免将砂粒带入,影响抛光效果。

　　④打开抛光机电源,在抛光布上滴适量抛光液。稳定拿持试样(建议使用拇指、食指和中指拿持试样),以适当压力将试样抛光面均匀压附在抛光布表面(当抛光盘逆时针转动时,在抛光盘的右半边区域,反之则在左半边区域)进行抛光。抛光时试样所受摩擦力随施加压力增大而变大,所需握持力也应随之增大,因此开始抛光时应注意用力握持试样样品,同时不要施加过大压力,避免试样脱手飞出。

　　⑤初始抛光时,试样位置宜在抛光盘圆心附近,感觉适应了抛光握持感后,可逐步将试样外移,这时试样所处位置的抛光盘线速度增大,试样抛光面受摩擦力

变大,抛光速度也随之加快。抛光时可将试样逆抛光盘的转动方向而转动,同时也由抛光盘中心至边缘往复移动。这样既可以避免抛光表面产生"拖尾"缺陷。同时还能减少抛光织物的局部磨损,保证抛光效果,如附图4-4所示。

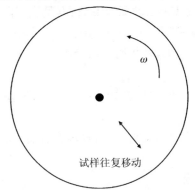

附图4-4　试样在抛光盘上往复移动

　　⑥抛光过程中需断续性地适量添加抛光液或抛光膏。抛光液使用前,应尽量摇匀,避免出现抛光磨料的沉淀或团聚。抛光前可开动抛光机,在抛光布上倾洒抛光液,使抛光磨料均匀分布于抛光布上。抛光过程中根据需要,适量滴洒。金刚石抛光膏使用时可均匀涂抹在湿润的抛光布上,使其纳入纤维缝隙,随后开动抛光机进行抛光。抛光过程中添加抛光膏时,可沾取少量抛光膏均匀涂抹于整个抛光面上后进行抛光。

　　⑦抛光过程中,在添加抛光磨料的同时,还要适时、适量地使用相应的冷却液(抛光液本身或冷却水),控制好抛光布的湿度。

　　⑧当试样抛光面上肉眼看不到划痕,整个抛光面平整光亮如镜,可清晰映像时,即可将试样迅速用清水冲洗,随后使用无水酒精脱水,再用吹风机吹干,即可结束抛光转入浸蚀步骤。也可在转入浸蚀步骤前在显微镜下观察抛光效果(显微镜观察需遵循以下给出的显微观察操作规程)。

　　⑨抛光过程中应及时将实验垃圾等集中放置于垃圾盛放器皿中。

　　⑩每一次离开抛光机工位转入其他操作前,应关闭抛光机电源及水源。

　　⑪抛光工序结束后,将实验器材恢复至实验前摆放位置。

　　(4)试样浸蚀操作规程

　　①检查浸蚀液、竹夹、脱脂棉或棉棒、培养皿等正常、齐备。

　　②浸蚀操作可采用浸蚀法、擦拭法或滴拭法。

　　•浸蚀法:将试样抛光面向下浸入盛有浸蚀剂的培养皿中,不断摆动;

　　•擦蚀法:用竹夹夹持吸满浸蚀剂的脱脂棉球或手持棉棒擦拭抛光面(抛光

面应适当倾斜);

　　•滴蚀法:用滴管吸取适量的浸蚀剂,滴在抛光面,同时样品抛光面适当倾斜并不断转动,使得浸蚀均匀。

　　③浸蚀过程中注意观察试样抛光面变化,待其呈浅灰白或灰色后,即可使用清水冲洗抛光面,终止浸蚀。随后立即用无水酒精脱水,最后用吹风机斜向吹干试样表面。

　　④浸蚀过程中应小心谨慎,防止腐蚀液接触到皮肤(若皮肤接触到腐蚀液,应及时用清水冲洗)。

　　⑤浸蚀过程中应及时将实验垃圾如用过的棉球、棉棒等集中放置于垃圾盛放器皿中。

　　⑥浸蚀工序结束后,关闭水龙头、清洁整理实验台,将实验器材恢复至实验前摆放位置。

　　(5)显微观察操作规程

　　①使用显微镜前必须保证双手、样品干燥整洁,不得残留有水、腐蚀剂、抛光膏等。

　　②检查显微镜电源连接、目镜和物镜配置、粗调微调旋钮、光阑、载物台移动等正常后开电源。

　　③调整目镜和物镜的倍数组合,一般在100倍和500倍的放大倍数下进行金相显微观察。

　　④将待观察的试样放置于载物台上,调节显微镜粗调手轮缓慢调节物镜与载物台的距离,使物镜与样品之间达到观察所需的最小距离(调节过程必须缓慢,避免物镜直接撞击或接触到试样)。此时观察目镜,目镜中如出现影像,再调节微调手轮,直至影像清晰。

　　⑤通过调节孔径光阑、视场光阑,得到最佳观察亮度。

　　⑥通过调节载物台纵向和横向移动手柄以移动试样,改变观察区域,不得直接用手移动试样(对于倒置显微镜,如需观察工作台通光孔以外区域时可以提起试样,悬空转动试样,将该区域放置在通光孔中央,继续观察或者调整工作台横向位置后再观察)。

　　⑦若要转换放大倍数,必须首先用粗调手轮增大物镜与载物台之间的距离,再将物镜座调至所需的物镜。物镜调到位置后,重复步骤④操作。

　　⑧在观察结束后,用粗调手轮增大物镜与载物台之间的距离,而后取下试样(倒置式显微镜可不调整物镜与载物台之间的距离直接取下试样)。

　　⑨每一次离开显微镜工位转入其他操作或提交试样前,转换物镜座至低倍物镜(初始状态),调节载物台纵向和横向移动手柄将载物台对中(初始状态),关闭显微镜电源。清理观察台、将实验凳复位。

　　⑩在整个显微镜观察过程中,手、试样等不能触碰物镜、目镜镜头。

参考文献

[1] 沈莲.机械工程材料[M].北京:机械工业出版社,2003.

[2] 石德珂.材料科学基础[M].北京:机械工业出版社,2003.

[3] 何明,赵文英.金属学原理实验[M].北京:机械工业出版社,1988.

[4] 林昭淑.金属学及热处理实验与课堂讨论[M].长沙:湖南科学技术出版社,1992.

[5] 史美堂,柏斯森.金属材料及热处理习题集与实验指导书[M].上海:上海科学技术出版社,1983.

[6] 陆文周.工程材料及机械制造基础实验指导书[M].南京:东南大学出版社,1997.

[7] 温其诚.硬度计量[M].北京:中国计量出版社,1991.

[8] 杜树昌.热处理实验[M].北京:机械工业出版社,1994.

[9] 张廷楷,高家诚,冯大碧.金属学及热处理实验指导书[M].重庆:重庆大学出版社,1998.

[10] 孙业英.光学显微分析[M].2版.北京:清华大学出版社,2003.

[11] 那顺桑.金属材料工程专业实验教程[M].北京:冶金工业出版社,2004.

[12] CALLISTER W D. Fundamentals of Materials Science and Engineering [M]. New York:John Wiley & Sons, Inc, 2001.

[13] 许鑫华,叶卫平.计算机在材料科学中的应用[M].北京:机械工业出版社,2003.

[14] 罗军辉,冯平,哈利旦.MATLAB 7.0在图像处理中的应用[M].北京:机械工业出版社,2005.

[15] 高义民.金属凝固原理[M].西安:西安交通大学出版社,2010.

[16] 孙丹丹,陈红火.全新Marc实例教程与常见问题解析[M].北京:中国水利水电出版社,2016.

[17] 董志波,刘雪松,马瑞,等.MSC.Marc工程实例详解[M].北京:人民邮电出版社,2014.

[18] 张士宏,刘劲松.材料加工先进技术与MSC.Marc实现[M].北京:国防工业出版社,2015.

[19] Materials Studio 2017 Online Help[EB/OL]. [2020.4.20]. https://www. 3ds. com/products-services/biovia/

[20] 苑世领,张恒,张冬菊.分子模拟理论与实验[M].北京:化学工业出版社,2016.

[21] 范雄.X射线金属学[M].北京:机械工业出版社,1980

[22] CAHN R W, HAASEN P. Physical Metallurgy:Volume I[M]. 4th revised and enhanced edition. Amsterdam:Elsevier,1996.

[23] 基泰尔.固体物理导论[M].项金钟,吴兴惠,译.北京:化学工业出版社,2017.